Eman Helles
Fadel Sharif

Gene CTLA-4

AF513673

Eman Helles
Fadel Sharif

Gene CTLA-4

Polimorfismos genéticos em mulheres com perda de gravidez recorrente idiopática na Faixa de Gaza

ScienciaScripts

Imprint
Any brand names and product names mentioned in this book are subject to trademark, brand or patent protection and are trademarks or registered trademarks of their respective holders. The use of brand names, product names, common names, trade names, product descriptions etc. even without a particular marking in this work is in no way to be construed to mean that such names may be regarded as unrestricted in respect of trademark and brand protection legislation and could thus be used by anyone.

Cover image: www.ingimage.com

This book is a translation from the original published under ISBN 978-3-659-68648-1.

Publisher:
Sciencia Scripts
is a trademark of
Dodo Books Indian Ocean Ltd. and OmniScriptum S.R.L publishing group

120 High Road, East Finchley, London, N2 9ED, United Kingdom
Str. Armeneasca 28/1, office 1, Chisinau MD-2012, Republic of Moldova, Europe
Printed at: see last page
ISBN: 978-620-7-71478-0

Resumo

Polimorfismos do gene *CTLA-4* em mulheres com perda de gravidez recorrente idiopática

Antecedentes:

A perda recorrente da gravidez (RPL) é o aborto espontâneo de duas ou mais gravidezes consecutivas antes das 20th semanas de gestação. Sugerimos que a desregulação da tolerância imunitária contribui para a RPL idiopática. O antigénio 4 associado aos linfócitos T citotóxicos (CTLA-4) é considerado um regulador negativo da ativação das células T e o seu papel na manutenção da tolerância imunitária está bem estabelecido.

Objetivo:

O presente estudo teve como objetivo investigar os polimorfismos de nucleótido único (SNPs) *CTLA-4* +49 A/G , -1661 A/G, -318 C/T e -1722 T/C e a predisposição para RPL na Faixa de Gaza - Palestina.

Métodos:

Este estudo de caso-controlo foi realizado em amostras de ADN de 200 mulheres com uma história de duas ou mais perdas de gravidez (grupo de casos) e 200 mulheres de controlo com pelo menos dois nados-vivos e sem qualquer história prévia de RPL. Foi utilizado o método de polimorfismo de comprimento de fragmentos de restrição baseado em PCR (RFLP-PCR) para genotipar os polimorfismos *do CTLA-4.*

Resultados:

Os resultados do nosso estudo revelaram que não existe uma associação significativa entre as frequências alélicas/genotípicas dos SNPs *CTLA-4* investigados e a RPL. Esta relação manteve-se verdadeira nos modelos dominante, codominante e recessivo. O genótipo A\G do polimorfismo -1661 A\G foi mais elevado nos doentes (45%) em comparação com os controlos (39,5%), mas sem significado estatístico. As frequências alélicas minor (MAFs) dos polimorfismos do gene *CTLA-4* no grupo de controlo foram as seguintes +49A\G: 0,22, 318 C\T: 0,11, -1661 A\G: 0,26 e -1722T\C: 0,08.

Conclusão:

O estudo mostrou que não existe uma associação significativa entre os quatro polimorfismos *CTLA-4* investigados e o risco de RPL na população estudada. Recomenda-se o teste de outros polimorfismos do gene *CTLA-4* e do nível de expressão *do CTLA-4* em doentes com RPL.

Palavras chave:

Perda recorrente de gravidez, *CTLA-4*, Polimorfismo genético, PCR-RFLP.

Dedicação

A todos eles dedico este trabalho, realização e reconhecimento:

Os meus grandes pais, que sempre me iluminaram o caminho, que Alá os proteja.

A todos os meus maravilhosos irmãos e irmãs, pelo seu amor e apoio sem fim.

Os meus professores, amigos e a minha grande família.

As almas dos mártires da Palestina.

Todos os palestinianos do mundo inteiro.

Agradecimentos

Estou grato a **Alá**, que me concedeu vida, poder, paz e coragem para terminar este estudo.

Gostaria de expressar a minha gratidão ao **Prof. Fadel A. sharif**, o orientador do estudo, que não se poupou a esforços para ultrapassar todas as dificuldades surgidas durante as partes teórica e prática e pelos seus conselhos científicos construtivos.

Gostaria também de expressar a minha sincera gratidão a todos os membros do laboratório de genética do departamento de tecnologia médica, em particular ao **Sr. Mohammmed Ashour** e ao **Sr. Shadi El-Ashi** .

Por último, os meus profundos agradecimentos, amor e apreço aos meus adoráveis pais, às minhas irmãs, aos meus irmãos, à minha família e aos meus amigos por todo o apoio e encorajamento ilimitados que me deram.

Índice

Lista de abreviaturas

ACA	Anticardiolipin antibodies
ANA	Antinuclear antibody
APC	Antigen presenting cell
aPL	Antiphospholipid autoantibodies
APS	Anti phospholipid syndrome
ASRM	American society of Recurrent miscarrige
BCL-XL	B-cell lymphoma-extra large
BTLA	B- and T-lymphocyte attenuator
CD	Cluster of differentiation
CTLA-4	Cytotoxic T-lymphocyte associated antigen-4
FMI	Fetomaternal interface
FOXP3	Forkhead box P3 transcription factor.
GdA	Glycodelin-A
HLA	Human leukocyte antigen
hnRNA	Heteronuclear RNA.
HSV	Herpes simplex virus
ICOS	Inducible costimulator
IDO	Indoleamine 2,3 di-oxygenase
IRM	Idiopathic Recurrent Miscarriage
ITAM	Immunoreceptor tyrosine based activation motif
KIR	Killer inhibitory receptor
LA	Lupus anticoagulant
LEF-1	Lymphoid enhancing factor-1
MHC II	Major histocompatibility class II
mt/mt	Homozygous mutant type
MTHFR	Methyl tetrahydrofolate reductase
NCBI	The National Center for Biotechnology Information
NF-1	Nuclear factor-1
PCOS	polycystic ovarian syndrome
PCR-RFLP	Polymerase chain reaction-Restriction fragment length polymorphism

PCR-SSCP	Polymerase chain reaction- Single strand confirmation polymorphism
PD1	Programmed death 1
PDL1	Programmed death ligand 1
PI3K	Phosphoinositide 3-kinase
PTK	Protein tyrosine kinase
RCOG	Royal college of obstetric and Gynacologist
RPL	Recurrent Pregnancy Loss
RSA	Recurrent Spontaneous Abortion
sCTLA-4	Soluble Cytotoxic T lymphocyte associated antigen-4
SNP	Single nucleotide polymorhism
STAT-6	Signal transducer and activator of transcription-6
T reg	Regulatory T cell
TCR	T cell receptor
TGF-β	Transforming growth factor-beta
Th 2	Helper T cells type 2
TNF-α	Tumor necrosis factor-alpha
uNK	Uterine natural killer cells
URSA	Unexplained Recurrent Spontaneous Abortion
WHEC	Women Health and Education Center
WHO	World health organization
wt/wt	Homozygous wild type
ZAP-70	ζ-chain-associated protein kinase of 70 kDa

Capítulo 1

Introdução

1.1. Visão geral

A gravidez humana pode ser interrompida em várias fases, conduzindo ao aborto, e este processo ocorre repetidamente em algumas doentes. As interrupções repetitivas da gravidez são designadas por aborto espontâneo recorrente (AER), perda recorrente da gravidez (RPL), aborto espontâneo recorrente (RM), aborto espontâneo recorrente idiopático (iRM) ou aborto espontâneo recorrente inexplicado (URSA). Na maioria das definições desta síndrome, estes diferentes termos indicam a interrupção da gravidez que ocorre mais de 2 vezes numa determinada doente, antes das 24 semanas de gestação. Em humanos, parece que pelo menos 15% das gravidezes reconhecidas terminam em aborto espontâneo (Vaiman, 2015).

A perda recorrente da gravidez (RPL) é um problema de saúde prevalente que afecta cerca de 1-2% dos casais que estão a tentar constituir família (Kelachayeh, Salehi e Aleyasin, 2014). É um problema angustiante, particularmente para as famílias palestinianas que gostam de ter famílias numerosas (Sharif, 2012).

Sabe-se que um espetro de factores está envolvido na LPR, incluindo factores genéticos, endócrinos, anatómicos, imunológicos, infecciosos, ambientais e distúrbios trombofílicos. No entanto, mesmo após uma avaliação exaustiva, a causa potencial permanece inexplicada em cerca de um terço a metade dos casos (Kelachayeh et al., 2014; Nagirnaja et al., 2014).

Perante factores etiológicos desconhecidos, a imunidade desregulada é proposta como um potencial mecanismo subjacente ao RPL inexplicado. Este mecanismo inclui anomalias auto-imunes (por exemplo, anticorpos anti-fosfolípidos, anti-nucleares e anti-microssomais positivos), aumento da imunidade mediada por células e alteração do equilíbrio das células T reguladoras Th1- Th2-Th17- T helper (Treg) (Zenclussen et al., 2006; Saito, Shima, Nakashima e Lin, 2010). A este respeito, foi demonstrado que a gravidez normal está associada à predominância de citocinas Th2 anti-inflamatórias, ao passo que as citocinas Th1 pró-inflamatórias desreguladas e excessivas são prejudiciais para o feto (Makhseed et al., 2001; Bansal, 2010).

A tolerância imunitária materna imposta ao feto semi-alogénico em desenvolvimento é um aspeto crucial para o sucesso da gravidez. O estabelecimento da tolerância imunitária materna requer a interação de várias células imunitárias, tais como as células apresentadoras de antigénios (por exemplo, células dendríticas e macrófagos), as células assassinas naturais, as células Th1, Th2, Th17 e (Tregs). A regulação do número e da atividade dessas células, por sua vez, é controlada por uma intrincada rede de interacções célula-célula, citocinas, factores de transcrição e outras moléculas de sinalização. Acredita-se que o desequilíbrio nas quantidades de moléculas imuno-reguladoras produzidas por genes relacionados com a tolerância imunitária rompe a tolerância imunitária e conduz a complicações na gravidez, incluindo a RPL. Sobre este assunto, foi registado um aumento das Tregs circulatórias durante o início da gravidez, que atinge o pico no segundo trimestre e diminui após o parto. Os antigénios fetais também são reconhecidos pelas células B maternas e a tolerância ao feto é conseguida através da eliminação de células B específicas do aloantigénio durante a gestação (Tripathi e Guleria, 2015).

Sabe-se que as vias de sinalização co-estimulatórias negativas, como CTLA-4/B7 e PD1/PDL1, expressas nas Tregs e envolvidas na regulação da ativação e proliferação de células T efectoras, contribuem para a tolerância do feto (Dehaghani, Doroudchi, Kalantari, Pezeshki e Ghaderi, 2005). Estas moléculas de sinalização actuam através da supressão de células imuno-reactivas e foi demonstrado que a diminuição da expressão de *CTLA-4* contribui para a perda fetal em seres humanos (Tripathi e Guleria, 2015).

O gene *CTLA-4* está localizado na região cromossómica 2q33 e contém mais de 100 locais polimórficos. Polimorfismos de nucleótido único (SNPs) distintos, tais como +49A/G (rs231775), -318C/T (rs5742909), -1661A/G (rs4553808) e -1722T/C (rs733618), têm sido associados a doenças auto-imunes e à pré-eclampsia (Dias et al., 2013).

A variação genética inter-individual, em termos de SNPs nos genes relacionados com a tolerância imunitária, pode influenciar a taxa de transcrição e, por conseguinte, a quantidade de moléculas reguladoras do sistema imunitário. De facto, foi demonstrado que alguns SNP do promotor afectam os níveis de ARNm e de proteína *do CTLA-4* (Wang, Priskanen, Giscombe e Lefvert, 2008).

O presente estudo foi concebido com o objetivo de investigar a associação entre quatro polimorfismos do gene *CTLA-4*, nomeadamente, +49A/G, -318C/T, -1661A/G e -1722T/C e a RPL num grupo de mulheres palestinianas.

1.2. Problema

A RPL ocorre em cerca de 1-2% das mulheres grávidas e em cerca de 50% desses casos a etiologia subjacente continua por esclarecer. Este estudo abordará a contribuição dos polimorfismos +49A/G, -1722T/C, -318C/T e -1661 A/G do gene *CTLA-4* para o risco de RPL na população palestiniana.

1.3. Objectivos.

1.3.1. Objetivo geral

Estudar a relação entre os polimorfismos +49A/G, -1722T/C , -318C/T e -1661 A/G do gene *CTLA-*

4 e a perda recorrente inexplicada de gravidez em mulheres palestinianas.

1.3.2. Objectivos específicos

1. Utilizar a técnica de PCR-RFLP para a deteção de polimorfismos no gene *CTLA-4*.
2. Determinar o genótipo, as frequências alélicas maiores e menores dos polimorfismos +49A/G, -1722T/C, -318C/T e -1661 A/G no gene *CTLA-4* em mulheres com RPL idiopática em comparação com controlos saudáveis.
3. Comparar os resultados do nosso estudo com os resultados obtidos noutras populações.
4. Sugerir recomendações adequadas relativamente à relação entre os polimorfismos investigados e a RPL.

1.4. Significado

1. Este estudo é o primeiro a investigar a relação entre os polimorfismos do gene *CTLA-4* e a RPL em mulheres da faixa de Gaza.
2. Esta investigação pode ajudar a elucidar uma das causas da RPL idiopática.
3. Este estudo pode ajudar a compreender o papel dos factores imunológicos e dos genes relacionados na tolerância feto-materna e no sucesso da gravidez.

Capítulo 2

Revisão da literatura

2.1. Definição de perda recorrente da gravidez

A perda gestacional recorrente (RPL) é definida como a perda espontânea da gravidez antes das 24 semanas de gestação, e por vezes é considerada antes das 20 semanas devido aos avanços nos cuidados neonatais. Refere-se ao aborto espontâneo de duas ou mais gravidezes consecutivas no primeiro ou no início do segundo trimestre de gestação (Gaboon, 2013).

O Comité de Prática da Sociedade Americana de Medicina Reprodutiva define-a como uma doença distinta da infertilidade, definida por duas ou mais gravidezes clínicas falhadas, que foram documentadas por ecografia ou exame histopatológico (ASRM, 2012).

No entanto, a Diretriz Greentop n.º 17 do Royal College of Obstetricians and Gynaecologists (RCOG) define a RPL como a perda espontânea de uma gravidez antes de o feto ter atingido a viabilidade às 24 semanas (Zegars-Hochschild et al., 2009; Van Niekerk, Siebert e Kruger, 2013). Isto inclui todas as perdas de gravidez desde o momento da conceção até às 23 semanas completas de gestação (ASRM, 2008).

A ASRM recomenda que os casais que tenham 2 ou mais abortos espontâneos consecutivos justifiquem uma avaliação para identificar qualquer fator que possa estar associado à sua má história reprodutiva (Kutteh e Odom, 2012).

2.2. Incidência de RPL

Cerca de 15 por cento das mulheres grávidas sofrem perdas esporádicas de uma gravidez clinicamente reconhecida (Naz, Yasmin e Taj, 2014). Apenas 2 por cento das mulheres grávidas registam duas perdas de gravidez consecutivas e apenas 0,4 a 1 por cento registam três perdas de gravidez consecutivas. A frequência observada de três perdas de gravidez consecutivas é ligeiramente superior à esperada apenas por acaso (Tulandi e Al-Fonzan, 2013).

2.3. Factores de risco e etiologia da RPL

Embora a RPL seja um problema importante na saúde da mulher, existem muitas questões por resolver relativamente à sua etiologia, avaliação e tratamento. Infelizmente, a causa da RPL só pode ser determinada em 50% dos doentes. As categorias etiológicas gerais da RPL incluem factores anatómicos, imunológicos, genéticos, endócrinos, infecciosos, trombofílicos e ambientais.

A prevalência de aborto espontâneo é maior com o aumento da idade materna e em idades gestacionais muito precoces. Além disso, o resultado de uma gravidez anterior pode afetar positiva ou negativamente o risco na gravidez seguinte (Tulandi e Al-Fonzan, 2013).

2.3.1. Perturbações anatómicas

Os defeitos uterinos anatómicos estão presentes em 15% das mulheres avaliadas por três ou mais perdas consecutivas de gravidez (Devi, Pham e Arici, 2006). As anomalias uterinas congénitas estão associadas à perda de gravidez no segundo trimestre. As anomalias congénitas do trato mulleriano potencialmente relevantes incluem úteros unicornuados, didelfos, bicornuados, septados ou arqueados.

O útero septado é a anomalia uterina mais comum associada à RPL e está associado ao pior resultado reprodutivo, com uma taxa de aborto espontâneo de mais de 60% (Van Niekerk et al., 2013).

2.3.2. Etiologias infecciosas

Sabe-se ou suspeita-se que certas infecções, incluindo *Listeria monocytogenes, Toxoplasma gondii, Rubéola, vírus Herpes simplex (HSV), Sarampo, Citomegalovírus* e *vírus Coxsackie, desempenham um* papel na perda espontânea esporádica da gravidez. No entanto, o papel dos agentes infecciosos na perda recorrente é menos claro e não está provado, com uma incidência proposta de 0,5% a 5%. As infecções específicas que se especula desempenharem um papel na RPL incluem *Mycoplasma, Ureaplasma, Chlamydia trachomatis, L monocytogenes* e *HSV*. O risco mais pertinente de LPR secundária a infeção é a infeção crónica num doente imunocomprometido (Ford e Schust, 2009).

2.3.3. Estilo de vida, ambiente e factores profissionais

O consumo excessivo de álcool está associado a um risco acrescido de aborto espontâneo, embora outros estudos não tenham demonstrado o mesmo.

O tabagismo também tem sido associado à RPL, que está positivamente relacionada com o número de cigarros. A cafeína e a cocaína também têm sido associadas à perda de gravidez. O stress também está associado a uma maior taxa de perda de gravidez. O peso corporal, tanto elevado como baixo, está associado a resultados adversos da gravidez. O risco de perda de gravidez é elevado em mulheres com determinadas doenças maternas crónicas, por exemplo, doenças hepáticas, renais e auto-imunes. Alguns medicamentos, como os anti-inflamatórios não esteróides e a aspirina, estão associados à perda de gravidez. Certos efeitos ambientais, como a radiação e as toxinas ambientais, também podem influenciar o resultado da gravidez (Begum et al., 2011).

2.3.4. Disfunção endócrina

As perturbações endócrinas desempenham um papel importante em cerca de 8% a 12% das perdas de gravidez recorrentes (RPL). De facto, o meio hormonal local é crucial tanto na fixação do embrião como no início da gravidez.

Anormalidades endócrinas, incluindo distúrbios da tireoide e distúrbios relacionados à secreção inadequada de progesterona pelo corpo lúteo, defeitos da fase lútea, hiperprolactinemia, diabetes mellitus e síndrome do ovário policístico (SOP) são alguns exemplos de distúrbios endócrinos que afetam a gravidez e devem ser avaliados em qualquer caso de RPL. Além disso, níveis elevados de androgénio e alguns aspectos endocrinológicos da endometriose são também factores que contribuem para a RPL (Smith e Schust, 2011; Pluchino et al., 2014).

2.3.5. Doenças hematológicas

A trombofilia é definida como uma perturbação da hemostase que predispõe uma pessoa a um evento trombótico. Os dados sugerem que pelo menos 50% dos casos de tromboembolismo venoso em mulheres grávidas estão associados a uma trombofilia hereditária ou adquirida (Carbone e Rampersad, 2010). Sugere-se que a associação seja causada por um risco acrescido de formação de trombos nos vasos placentários nascentes, resultando em enfartes da placenta (Larsen, Christiansen, Kolte e Macklon, 2013).

As trombofilias hereditárias que estão associadas a abortos recorrentes incluem mutações do fator V de Leiden, mutação do gene da protrombina (PT G20210A) e deficiências dos anticoagulantes naturais proteína C, proteína S e antitrombina (Middeldrop, 2011).

Os factores adquiridos incluem a presença de anticorpos antifosfolípidos, anticorpos anticoagulantes lúpicos ou anticorpos anticardiolipina, que são considerados presentes quando identificados em amostras repetidas colhidas com 3 meses de intervalo sem gravidez (Lassere e Empson, 2004).

A síndrome antifosfolipídica (SAF) é uma doença autoimune com a presença de auto-anticorpos antifosfolipídicos (aPL) formados contra os próprios tecidos da pessoa. Estes auto-anticorpos interferem com a coagulação. Embora seja geralmente aceite que entre 5% a 20% das pacientes com RPL terão um teste positivo para anticorpos antifosfolípidos (aPLs), o intervalo real registado varia entre 8% e 42% (ACOG practice Bulletin No. 118, 2011).

A hiper-homocisteinemia pode ser tanto hereditária como adquirida, e está normalmente associada a polimorfismos do gene *MTHFR*. Assim, a hiper-homocisteinemia é considerada como um fator de risco para defeitos do tubo neural e perda embrionária recorrente (Jeve e Davies, 2014).

2.3.6. Causas genéticas

A anomalia cromossómica num dos parceiros é encontrada em 3% a 6% dos casais com RPL, o que é dez vezes superior à população de base (Branch, Gibson e Silver, 2010). As anomalias mais frequentemente encontradas incluem translocações recíprocas equilibradas ou translocações Robertsonianas. As translocações e inversões não têm quaisquer consequências para o fenótipo do portador, mas na gravidez existe um risco de 50% de um feto com uma anomalia cromossómica desequilibrada que pode resultar num aborto espontâneo (Franssen et al., 2006). O risco exato depende dos cromossomas específicos envolvidos, do progenitor de origem e do tamanho do(s) segmento(s) envolvido(s) no rearranjo (Gaboon, 2013).

As anomalias cromossómicas embrionárias (estruturais e numéricas) podem ser responsáveis por 30 a 57% dos abortos espontâneos (Van Niekerk et al., 2013).

A maioria dos abortos espontâneos que ocorrem antes das 10 semanas de gestação deve-se a aneuploidias cromossómicas resultantes de eventos não hereditários e não disjuncionais (Sierra e Stephenson, 2006).

A idade materna avançada (>35 anos) é mais propensa a RPL, o que provavelmente se deve a anomalias cromossómicas relacionadas com a idade (não disjunções), principalmente trissomia, e não a translocação estrutural (Pokale, 2015).

A trissomia é a anomalia citogenética mais comum, seguida da poliploidia e da monossomia do X, com uma incidência de cerca de 50% a 60% nos abortos espontâneos (Pokale, 2015).

As doenças maternas associadas ao aumento do desperdício fetal incluem anomalias hematológicas, como a anemia falciforme, devido ao aumento do risco de microinfartos nos vasos placentários (Hsu et al., 2007). As causas fetais de aborto espontâneo recorrente incluem doenças autossómicas recessivas (por exemplo, talassemia alfa major) (Chui e Waye, 1998) e doenças ligadas ao cromossoma X que são letais no sexo masculino podem causar perda recorrente da gravidez (Allison e Schust, 2009).

2.3.7. Causas imunitárias

Uma proporção significativa de RPL está associada a etiologias imunitárias (Saito, Nakashima e Shima, 2011).

Tradicionalmente, pensa-se que cerca de 5% dos casais sofrem de RPL de origem imunológica, e este número aumenta para 40% após quatro perdas de gravidez (Beaman et al., 2012).

Tanto os mecanismos autoimunes quanto os aloimunes estão implicados como causas da LPR. As doenças autoimunes envolvem uma resposta imunitária dirigida contra uma parte específica do hospedeiro ou do próprio (WHEC, 2014).

As doenças auto-imunes que afectam os processos reprodutivos são frequentemente subclínicas e a maioria das mulheres que apresentam abortos espontâneos repetidos está bem de saúde (Kwak-Kim, Kim e Gilman-Sachs, 2006). Numerosos estudos tentaram identificar autoanticorpos específicos associados à perda da gravidez (Kutteh e Odom, 2012). Foi relatado que anticorpos específicos de órgãos, como anticorpos antitireoidianos, e anticorpos não específicos de órgãos, incluindo anticorpo antifosfolípide, anticoagulante lúpico (LA), anticorpos anticardiolipina (ACA), anticorpo antinuclear

(ANA), anti-ssDNA, anti-dsDNA e anticorpo anti-histona estão associados a perdas de gravidez ou complicações obstétricas (Horne e Alexander, 2005; Kwak-Kim, Park, Ahu, Kim e Gilman-Sachs, 2010).

As doenças aloimunes envolvem a compatibilidade dos antigénios leucocitários humanos (HLAs) dos casais e uma resposta imunitária materna anormal aos antigénios fetais ou placentários, incluindo a ausência de anticorpos leucocitotóxicos maternos ou a ausência de anticorpos bloqueadores maternos (WHEC, 2014).

No entanto, foram registadas gravidezes bem sucedidas em mulheres sem anticorpos bloqueadores e também em mulheres com agamaglobulinemia (Wong, Porter e Scott, 2014).
Defeitos nos factores imunossupressores moleculares (citocinas e factores de crescimento) ao nível local da decídua/trofoblasto têm sido implicados como causas de RPL (Wong, Porter e Scott, 2014).

Por outro lado, a sobreactividade das citocinas T helper-1 (Th-1) e das células natural killer (NK) também foi referida como sendo a principal causa aloimune da RPL idiopática (Kwak-Kim et al., 2006).

As células NK uterinas foram consideradas durante muito tempo o tipo de células mais importante para o sucesso da gravidez, devido à sua abundância na decídua. Ao contrário das células NK do sangue periférico, as células uNK são apenas fracamente citotóxicas *in vitro e não* matam o trofoblasto *in vivo* (Ruocco, Chaouat, Florez, Bensussan e Klatzmann, 2015).

Por outro lado, pensa-se que as células NK alteram a resposta humoral à gravidez e induzem a dominância Th1 que conduziria à perda da gravidez (Peeva, 2010). As células NK uterinas segregam citocinas e factores angiogénicos, importantes para o desenvolvimento da placenta e o estabelecimento da gravidez.

As apresentações aberrantes de células NK uterinas e do sangue periférico têm sido associadas a vários insucessos reprodutivos, como a RPL, insucessos de implantação múltipla ou pré-eclampsia (Lee et al., 2013).

2.4. Imunologia da gravidez normal

Uma gravidez bem-sucedida depende da interação entre a mãe e o feto (Rull, Nagirnaja e Laan, 2012). Esta interação é vital, uma vez que o feto não é geneticamente igual à mãe. Foram encontrados vários mecanismos para estabelecer esta interação feto-materna. Entre estes, os mecanismos imunológicos são um dos factores importantes envolvidos na tolerância ao feto semi-alogénico por parte do sistema imunitário materno (Christiansen, 2013; Molazadeh, Karimazadeh e Azizi, 2014).

Sugere-se que muitos mecanismos estejam envolvidos na tolerância imunológica materna e na aceitação imunológica do feto semi-alogénico durante a gravidez (Tilburgs et al., 2008).

A placenta constitui uma barreira imunológica entre o feto e o sistema imunitário materno, produzindo progesterona, estrogénio e gonadotropina coriónica humana (hCG), que redireccionam a imunidade materna das células Th1 prejudiciais para a imunossupressão mediada por subgrupos Th2 (Dealtry, O'Farrell e Fernandez, 2000).

Os trofoblastos fetais desempenham um papel crucial na contenção de uma resposta imunitária materna destrutiva de diferentes formas. O tecido fetal pode inibir as respostas imunitárias alogénicas através da expressão da indoleamina 2,3 dioxigenase "IDO" (que inibe a rápida proliferação das células), do ligando FAS (que pode causar a apoptose das células activadas que expressam FAS) e das proteínas inibidoras do complemento para evitar a ativação do complemento, conforme descrito na **Figura 2.1.** Estes mecanismos podem inibir as respostas imunitárias na interface feto-materna de uma forma não específica para o antigénio (Tilburgs et al., 2008).

Outra glicoproteína reguladora, denominada glicodelina-A (GdA), é também segregada pelo trofoblasto e pelas células endometriais em resposta à progesterona, que inibe seletivamente as células do tipo Th1 e altera o meio de citocinas para um tipo Th2 (Tripathi e Guleria, 2015).

As células trofoblásticas não expressam moléculas do complexo principal de histocompatibilidade (MHC) de classe II na sua superfície, impedindo assim a resposta das células T mediada pelo MHC de classe II. Por outro lado, as células trofoblásticas expressam baixos níveis de moléculas clássicas de MHC de classe I, o que torna o feto suscetível de ser atacado pelas células natural killer (NK). A lise das células trofoblásticas mediada pelas células NK é impedida pelas interacções do recetor inibitório da morte (KIR) das células NK com moléculas não clássicas do MHC de classe I, como o HLA-G, expressas no trofoblasto, conforme ilustrado na **Figura 2.1.** (Tripathi e Guleria, 2015).

Combinações distintas de recetor-ligante KIR têm sido associadas a um risco acrescido de perda precoce da gravidez e de pré-eclâmpsia (Hiby et al., 2008; Faridi e Agrawal, 2011).

As células imunitárias decíduas, principalmente as células assassinas naturais uterinas (uNK), as células dendríticas, as células TH1, as células Treg e as células T helper tipo 17 (Th17) desempenham um papel eminente não só na mediação da tolerância imunitária, mas também na remodelação vascular e no desenvolvimento decidual (Chaouat, 2013). Foi demonstrado que tanto a população Th17 como a população Treg desempenham um papel na modulação da tolerância na interface feto-materna (Saito et al., 2010).

Durante a gravidez, a composição das células imunitárias deciduais e o perfil de citocinas sofrem gradualmente uma modificação extensiva e formam-se novas sinapses funcionais entre o trofoblasto fetal e as células imunitárias maternas, apoiando a quarta peça da conceção. A predominância progressiva de citocinas Th2, o declínio gradual das células uNK e o aumento da população de Tregs são algumas das características da adaptação imunitária durante a gravidez. Estas modificações complexas criam sinergicamente um estado de tolerância (Erlebacher, 2013). Os factores de transcrição desempenham um papel importante na manutenção do equilíbrio entre estas células, como o STAT-3, que é altamente expresso e ativado nas células deciduais e desempenha um papel crucial na fixação e implantação do embrião (Lee et al., 2013).

Durante a gravidez são produzidas muitas citocinas que modificam a resposta imunitária. Algumas delas favorecem a gravidez, por exemplo, as citocinas Th2 (Il-3, Il-4, Il-5, IL-10- Il-13), e outras são tóxicas para a mesma, por exemplo, as citocinas Th1 (TNF-alfa, TNF-beta, interferão-gama, Il-2). Uma mudança para a dominância Th1 aumenta o risco de perda de gravidez. As citocinas Th1 podem danificar diretamente a placenta ou possivelmente ativar células imunitárias que induzem a rejeição (Begum et al., 2011).

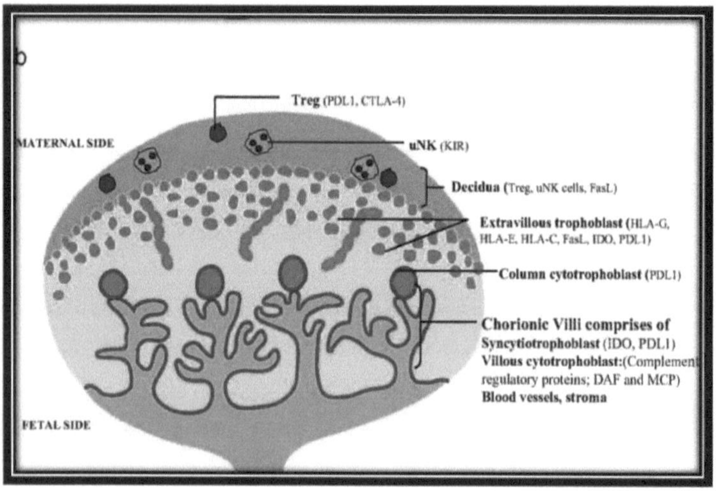

Figura (2.1): Células e moléculas envolvidas na tolerância fetomaterna na placenta humana.
(Adotado de: Guleria e Sayegh, 2007)

O plasma seminal contém grandes quantidades de fator de crescimento transformador B (TGF- B) e prostaglandina E capazes de induzir células T reguladoras (Treg). O fluido seminal inicia uma série de eventos que conduzem à indução de células dendríticas tolerogénicas competentes para preparar as Tregs (Robertson, Prins, Sharkey e Moldenhauer, 2013).

2.5. A família CD28 de moléculas coestimuladoras e o seu papel na manutenção da tolerância imunitária

Para iniciar uma resposta imunitária adaptativa, as células T naive necessitam de dois sinais distintos. O primeiro é mediado pela associação do recetor de células T (TCR) com as moléculas do Complexo Principal de Histocompatibilidade (MCH), conhecido em humanos como Antigénio Leucocitário Humano (HLA) (Thomas, 2007) e expresso nas células apresentadoras de antigénio (APCs). Esta interação medeia a especificidade de uma resposta das células T através do reconhecimento de epítopos específicos do antigénio apresentado. O segundo sinal é emitido por moléculas co-estimuladoras nas APCs e acentua ou atenua o primeiro sinal, dependendo do tipo de co-estimulação (Wing, Yamaguchi e Sakaguchi, 2011). A combinação dos dois sinais determina se uma célula T se torna activada ou anérgica (Sakaguchi, Wing e Miyara, 2007).

A coestimulação positiva e negativa por membros da família CD28 é fundamental para o desenvolvimento de respostas imunitárias protectoras contra agentes patogénicos estranhos e para a sua terminação adequada, a fim de evitar danos nos tecidos induzidos pela inflamação. Além disso, os sinais coestimulatórios são essenciais para o estabelecimento e a manutenção da tolerância periférica (Bour-Jordan et al., 2011).

Cinco moléculas da família CD28 são expressas em diferentes fases de diferenciação dos linfócitos T: CD28, CTLA-4, coestimulador induzível (ICOS), morte programada-1 (PD1), atenuador de linfócitos B e T (BTLA). Além disso, o CD80, o ligando para CD28 e CTLA-4 normalmente presente nas APCs, também é expresso nas células T (Wakamatsu et al., 2013).

Os sinais positivos induzidos pelas moléculas CD28 e ICOS são contrabalançados por outros membros co-inibitórios da família CD28, incluindo CTLA-4, PD1 e BTLA. Estes receptores co-inibitórios actuam como definidores de limiares, moduladores, pontos de controlo e mecanismos de feedback que podem potencialmente afinar a qualidade e a magnitude da resposta imunitária das células T (Thaventhiran et al., 2013).

As moléculas da família CD28 também são expressas nas células Treg FoxP3+, reguladores-chave da homeostase linfoide. O CD28 e o CTLA-4 controlam a diferenciação e a homeostasia das Treg, e há fortes indícios de que o CTLA-4 e o PD1 são intervenientes importantes na função das Treg (Wakamatsu et al., 2013).

A via B7-1/B7-2:CD28/CTLA-4 está envolvida no controlo da decisão do destino das células T naive entre a ativação e a anergia. Sharpe demonstrou que esta via não só regula as respostas das células T naive, como também é fundamental para o desenvolvimento e a função das células T reguladoras (Tregs) (Sharpe, 2009).

O CD28 é considerado a molécula coestimuladora primária, através das suas interacções com o CD80 e o CD86 nas APCs, complementa os sinais mediados pelo TCR e promove a ativação, a proliferação e a sobrevivência das células T. A ativação inicial de células T naive requer o sinal CD28 para aumentar o sinal derivado pelo TCR e a produção de IL2 para a expansão robusta de células T específicas de antigénio (Wakamatsu et al., 2013).

Quando o CTLA-4 é regulado positivamente, a expressão de CD28 é subsequentemente regulada negativamente por endocitose. Esta regulação negativa da proliferação de linfócitos T pode induzir tolerância imunitária, que é fundamental para a aceitação do aloenxerto. Assim, o resultado de uma resposta imunitária envolve um equilíbrio entre a ativação de células T mediada por CD28 e a inibição mediada por CTLA-4 (Krichen et al., 2011).

2.5.1. Família CD28 de moléculas coestimuladoras e gravidez

A expressão exacta das moléculas coestimuladoras na interface materno-fetal pode garantir que as células deciduais não emitem um sinal de "perigo" para o sistema imunitário materno, contribuindo talvez para o estabelecimento da tolerância imunitária *in vivo* (Jin, Fan e Li, 2011).

O CTLA-4 é uma das principais moléculas coestimulatórias negativas juntamente com o PD-1, sugerindo-se que estas moléculas desempenham um papel importante na tolerância fetomaterna (Tripathi e Guleria, 2015). A diminuição da expressão de CTLA-4 ou o baixo rácio de CTLA-4\CD28 são relatados na perda fetal em humanos (Wang, Ma, Hong, Lu e Lin, 2006; Jin, Chen, Zhang, Guo e Li, 2009).

Em ratinhos, o bloqueio do CD80 (B7.1) e do CD86 (B7.2), os ligandos do CD28 e do CTLA-4, demonstrou ser protetor do aborto e aumentar a viabilidade fetal (Jin, Zhou, Wang, Zhu e Li, 2005).

Outro membro destas moléculas inibidoras é a PD-L1, cuja expressão é prevalente na interface uteroplacentária (Riella et al., 2013).

A PD-1 promove a polarização das células T auxiliares do tipo 2 (Th2) e a manutenção da gravidez através da regulação da função das células T CD4+ na interface materno-fetal (Wang et al., 2016). Outra via coestimulatória, denominada ICOS/B7h, também desempenha um papel crítico na manutenção de um ambiente tolerogénico na interface feto-materna. O bloqueio desta via resulta num aumento da perda fetal através da redução da IDO e do fator de crescimento transformador beta (TGF-β) localmente na FMI e do aumento da resposta das células T efectoras CD8+ na periferia (Riella et al., 2013).

2.6. Expressão e funções do CTLA-4 na interface materno-fetal

A gravidez está associada a modificações no estado imunitário da mãe, mas os mecanismos não são bem compreendidos. Vários estudos sugerem que a regulação positiva de B7-2 e/ou CD28 e/ou a regulação negativa de CTLA-4 estão correlacionadas com a ocorrência de perda de gravidez (Jin, Fan e Li, 2011).

O CTLA-4 parece ser fundamental para a função das células T reguladoras (Tregs), que são potentes supressores das células T (Petroff e Perchellet, 2010), e a sua expressão à superfície nas células Treg é um marcador das células Treg activadas e funcionais (Saito, Nakashima, Shima e Ito, 2010). Parece desempenhar um papel indispensável na regulação da proliferação homeostática das células T. As suas funções reguladoras são ilustradas em ratinhos deficientes em CTLA-4, nos quais ocorre uma expansão rápida e policlonal das células T, que acaba por ser fatal para os animais. As funções do CTLA-4 são, portanto, críticas no controlo das respostas imunitárias a antigénios estranhos e próprios (Petroff e Perchellet, 2010).

Curiosamente, a expressão de CTLA-4 de superfície nas células Treg aumenta nas Tregs deciduais, mas não nas células Treg do sangue periférico de indivíduos no início da gravidez (Munn, Sharma e Mellor, 2004). Além disso, a sua expressão por fibroblastos placentários confirma o seu papel na manutenção da imunetolerância (Rasiti e Nasiri, 2016).

Foi demonstrado que a sinalização inversa através de B7-1/-2 após a ligação por uma forma solúvel de CTLA-4 regula positivamente a enzima catabólica do triptofano, indoleamina-2,3-dioxigenase (IDO). A potente atividade imunossupressora da IDO foi identificada pela primeira vez na gravidez, em que a inibição química da atividade da IDO aboliu a gravidez alogénica (Petroff e Perchellet, 2010).

A enzima IDO, induzida pelo CTLA-4, esgota o triptofano na interface materno-fetal, impedindo assim a ativação das células T e das células NK (Saito et al., 2007).

O papel protetor do CTLA-4 na gravidez é apoiado pelo facto de tanto o número de Tregs como o nível de CTLA-4 nas Tregs serem mais baixos na decídua em casos de aborto espontâneo (Sasaki et al., 2004), sugerindo que as células Treg funcionais podem induzir tolerância específica ao aloantigénio, resultando na manutenção da gravidez (Saito et al., 2010).

2.6.1. CTLA-4 e complicações na gravidez

Existem vários estudos que associam a deficiência de CTLA-4 a resultados adversos na gravidez, como a perda recorrente da gravidez (RPL), o descolamento da placenta e a eclâmpsia pré (PE). Para além disso, os polimorfismos no gene *CTLA-4* têm sido associados a uma produção e função desreguladas do CTLA-4.

A heterozigotia do alelo *CTLA-4* A49G foi descrita como um fator de predisposição para PE grave e descolamento da placenta em algumas populações (Dehaghani et al., 2005; Jaaskelainen et al., 2008).

Além disso, foi sugerido que os trechos de repetições AT na região 3'- não traduzida do gene *CTLA-*

4 afectam a estabilidade do ARNm e a sobrevivência fetal nos seres humanos (Dehaghani et al., 2005).

2.6.2. Descoberta do CTLA-4

Em 1987, investigadores franceses à procura de moléculas de superfície de células citotóxicas isolaram um cDNA de células T CD8+ activadas e chamaram-lhe antigénio de células T citotóxicas (CTLA)-4. Foi identificado pela primeira vez em 1991 como um segundo recetor do ligando de co-estimulação das células T B7. As incertezas sobre a sua função biológica assolaram os primeiros anos após a sua descoberta até 1995, altura em que se confirmou que era um inibidor das respostas das células T (Bashyam, 2007).

2.6.3. Estrutura molecular do recetor CTLA-4

O CTLA-4 (CD152) é um membro de uma classe de moléculas de superfície celular capaz de terminar eventos iniciais na cascata de sinalização mediada pelo recetor. Trata-se de uma glicoproteína transmembranar de 41-43 kDa, tipo 1, da superfamília das imunoglobinas, com 223 aminoácidos de comprimento. A arquitetura extracelular do CTLA-4 é caracterizada por um único domínio semelhante a uma imunoglobulina variável (IgV) que contém o local de ligação ao ligando B7-1 (CD80)/B7-2 (CD86) (Wang, Zuo, Sarker e Fisher, 2011). É composto por quatro domínios, incluindo um péptido sinal, um domínio extracelular de ligação ao ligando, um domínio transmembranar e uma cauda citoplasmática curta (Intlekofer e Thompson, 2013).

O CTLA-4 partilha ~30% de homologia com o CD28 a nível proteico e liga-se aos mesmos ligandos CD80\CD86 que são expressos na APC, com uma afinidade de ligação mais forte do que o CD28, em particular para o CD80 (Wing et al., 2011).

2.6.4. O gene *CTLA-4*

O gene *CTLA-4* tem cerca de 6,2 KB de comprimento e é composto por 4 exões. O gene está localizado no braço longo (q) do cromossoma 2 na posição 33 (2q33) do cromossoma humano (Geng et al., 2014). O primeiro exão do gene *CTLA-4* codifica o péptido da sequência líder, enquanto o segundo codifica o domínio extracelular semelhante à imunoglobulina que contém o local de ligação. Os exões 3 e 4 são responsáveis pela produção dos domínios transmembranar e citoplasmático, respetivamente (Teft, Kirchhof & Madrenas, 2006). O transcrito de hnRNA do *CTLA-4* sofre um splicing alternativo, resultando em três isoformas finais de mRNA no ser humano: (a) o CTLA-4 de superfície de comprimento total (flCTLA-4) incluindo os exões 1, 2, 3 e 4, (b) o CTLA-4 solúvel (sCTLA-4) sem o exão 3 (domínio transmembranar) e (c) um transcrito sem os exões 2 e 3 (domínios de ligação e transmembranar) (Oaks e Hallett, 2000). As contribuições específicas de cada uma das isoformas de splice solúveis para as funções biológicas globais do CTLA-4 permanecem desconhecidas (Intlekofer e Thompson, 2013).

2.6.5. Padrão de expressão *do CTLA-4*

O CTLA-4 (CD152) é um recetor inibitório expresso transitoriamente nos linfócitos T $CD4^+$ e $CD8^+$ activados e constitutivamente nas células T reguladoras (Treg) $CD4^+$ $CD25^+$ e em poucas células não linfóides (Lozano et al., 2011).

Em contraste com o CD28, que é expresso na superfície das células T em repouso e activadas, o CTLA-4 apresenta uma expressão mínima nas células T em repouso. O *CTLA-4* é induzido ao nível do ARNm e da proteína em resposta à ativação do TCR (Intlekofer e Thompson, 2013) e é utilizado como um marcador de ativação precoce. O ARNm do CTLA-4 pode ser detectado 1 hora após a ativação, com uma expressão máxima entre 24 e 36 horas, altura em que o CTLA-4 é detetável na superfície celular (Shneider e Rud, 2014).

A expressão de *CTLA-4* é reforçada pela co-estimulação através de CD28 e/ou IL-2 (Alegre et al., 1996). Assim, uma maior estimulação produz mais CTLA-4 na membrana plasmática da célula (Teft et al., 2006; Jain, Nguyen, Chamber e Kang, 2010).

A acumulação de CD28 ocorre durante a ativação das células T e também se demonstrou que induz a expressão de CTLA-4 e aumenta a estabilidade do mRNA de CTLA-4 (Rudd, Taylor e Schneider, 2009).

De notar que, embora as células T $CD4^+$ e $CD8^+$ expressem CTLA-4, as funções inibitórias de CTLA-4 nas células T $CD4^+$ parecem ser relativamente mais importantes para a prevenção da patologia autoimune (Gattinoni et al., 2006).

2.6.6. Localização celular

O CTLA-4 é principalmente uma proteína intracelular que se encontra em vesículas de transporte cuja expressão à superfície é altamente regulada. Só durante a estimulação imunitária é que a expressão de superfície aumenta ligeiramente, seguida de uma rápida internalização. A regulação rigorosa da expressão superficial de CTLA-4 é fundamental para manter uma resposta imunitária controlada mas eficaz (Valk, Rudd e Schneider, 2008).

2.6.7. Polimorfismo do gene *CTLA-4*

O gene *CTLA-4* contém mais de 100 locais polimórficos, e polimorfismos distintos têm sido associados a doenças auto-imunes e infecciosas. O polimorfismo de nucleótido único (SNP) *CTLA-4* +49A/G está localizado no exão 1 e promove uma substituição de treonina (A) por alanina (G) na sequência líder da proteína na posição de aminoácidos 17 (Sun, Hu, Shen e Lin, 2009).

A treonina nesta posição resulta numa interação mais forte do CTLA-4 com as moléculas B7.1, induzindo um maior efeito inibitório na ativação das células T quando comparada com a presença de Alanina (Sun, Zhou, Yang, Hu e Tan, 2008). Além disso, a presença de Alanina na posição 17 do gene *CTLA-4* resulta em glicosilação ineficiente e diminuição da expressão da molécula na superfície celular (Anjos, Nguyen, Ouniss, Tessier e Polychronakos, 2002). Alguns autores mostraram uma associação entre o alelo G de 49A/G e a redução do controlo da proliferação de células T (Du, Ma e Wang, 2014).

Os SNPs *CTLA-4* -1722T/C e *CTLA-4* -318C/T foram identificados na região promotora do gene *CTLA-4* (Dias et al., 2013). O polimorfismo de nucleótido único (SNP) na posição (-318) C/T na região do promotor (rs5742909) influencia a atividade do promotor e a expressão do mRNA do *CTLA-4* em células não estimuladas e do CTLA-4 de superfície celular em células activadas (Kusztal, Koscielska-Kasprzak e Drulis-Fajdasz, 2010).

A nível molecular, o SNP -318 C/T pode influenciar os níveis de CTLA-4 ao alterar a ligação de um fator de transcrição LEF-1 (lymphoid enhancing fator 1) (Pastuszak-Lewandoska et al., 2013).

O polimorfismo *CTLA-4* -1722 foi associado a uma expressão aumentada de *CTLA-4*, é possível que a expressão aumentada de CTLA-4 na superfície das Treg possa melhorar a sua função no controlo dos danos induzidos pela doença.

O SNP *CTLA-4* -1661A>G (rs4553808), também localizado no promotor, parece estar envolvido na atividade de ligação associada à transcrição do fator nuclear (NF-1) e do C/EBPa e pode causar um splicing alternativo anormal e afetar a expressão do CTLA-4 (Wang et al., 2008).

2.7. Função do CTLA-4

O CTLA-4 regula a função das células T de várias formas, mas o mecanismo real responsável pela sua função é desconhecido (Shneider e Rudd, 2014).

Muito se tem debatido sobre se o CTLA-4 inibe a resposta das células T através de mecanismos extrínsecos ou intrínsecos às células.

Os mecanismos intrínsecos à célula reflectiriam os efeitos directos do co-recetor nas células que o expressam (transdução de sinal), ao passo que os efeitos extrínsecos à célula dizem respeito à regulação da função por uma célula distal ou por uma citocina (Ise et al., 2010).

Foi relatado que as acções intrínsecas (autónomas) e não autónomas (ou seja, extrínsecas) do CTLA-4 operam e mantêm a tolerância das células T ao antigénio próprio (Ise et al., 2010).

2.7.1. Função intrínseca das células do CTLA-4

No modelo intrínseco das células, os sinais do CTLA-4 parecem interferir com a produção de IL-2, bem como com a expressão do recetor de IL-2, a progressão do ciclo celular e, por conseguinte, a proliferação das células T (Intlekofer e Thompson, 2013). **A figura 2.1** abaixo apresenta um modelo intrínseco da ação do CTLA-4.

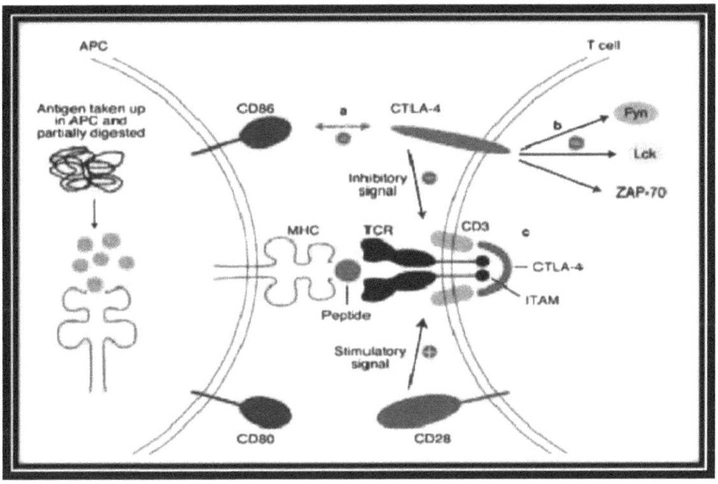

Figura (2.2): Mecanismos propostos pelos quais o CTLA-4 inibe a ativação das células T

(**Adotado de:** Krichen et al., 2011)

(a) O CTLA-4 pode competir com sucesso com o CD28 pelos ligandos CD80/86 e, assim, inibir o efeito coestimulador do CD28 (Thaventhiran et al., 2013).

(b) A cauda citoplasmática do CTLA-4 pode interagir com as proteínas tirosina-quinases (PTKs) Lck, Fyn e microaglomerados que contêm a proteína quinase associada à cadeia Z de 70 kDa (ZAP-70) através da proteína tirosina-fosfatase SHP1 para impedir a expressão constitutiva da sinalização a jusante da via TCR\CD28 (Krichen et al., 2011).

(c) A cauda citolásmica do CTLA-4 pode interagir diretamente com o complexo TCR-CD3 na sinapse imunológica para interromper a ativação das células T, ligando-se e bloqueando o motivo de ativação baseado na tirosina do imunorreceptor (ITAM) do TCR-CD3, interrompendo essencialmente a cascata de sinais bioquímicos que conduzem à ativação das células T (Krichen et al., 2011).

De facto, a cauda citoplasmática do CTLA-4 pode também interagir diretamente com a PI3K e activá-la (Shneider H, 2008), e esta ativação permite a indução do fator antiapoptótico Bcl-XL, que facilita a sobrevivência das células T anérgicas dependente das mitocôndrias e assegura potencialmente a tolerância das células T (parry et al., 2005; Shneider, Valk, Leung e Rudd, 2008; Thaventhiran et al., 2013).

2.7.2. Função extrínseca das células do CTLA-4

As Tregs desempenham um papel importante na regulação extrínseca das células através do envolvimento do seu CTLA-4 de superfície com CD80/CD86 em células dendríticas (DCs) que podem induzir a libertação de IDO (Shneider e Rudd, 2014). Um modelo para a ação extrínseca do CTLA-4 é descrito na **Figura 2.3.**

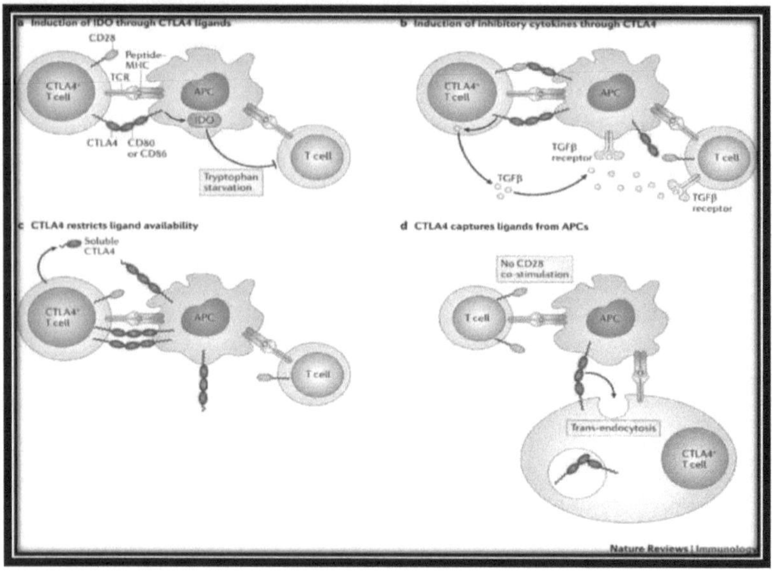

Figura (2(3) Modelos extrínsecos às células T da função do CTLA-4.

(Adotado de: Walker e Sansom, 2011)

(a) O CTLA-4 inicia sinais inversos através do CD80 e do CD86 nas APCs, resultando na ativação da enzima de degradação do triptofano indoleamina 2,3-dioxigenase (IDO). Consequentemente, a inibição das células T pode ser conseguida através da depleção de triptofano ou da acumulação local de metabolitos inibitórios.

Além disso, as CD que expressam IDO podem favorecer o aparecimento de Tregs CD4+CD25+Foxp3+ através da expansão/conversão a partir de células T CD25-Foxp3- naive (Curti, Trabanelli, Salvestrini, Baccarani e Lemoli, 2009).

(b) Os sinais CTLA-4 estimulam a produção de citocinas reguladoras (como o fator de crescimento transformador-в (TGF-в), que pode atuar para inibir a função das APC ou das células T a jusante

(Oida, Yu, Weiner, Kitani e Strober, 2006).

(c) A inibição da disponibilidade de CD80 ou CD86 pelo CTLA-4 impede que outras células T recebam sinais CD28 da APC. Este efeito pode ser conseguido através do sequestro do ligando pelas células reguladoras na superfície celular ou por variantes de splice solúveis do CTLA-4, o que resultaria numa diminuição da disponibilidade do ligando e, por conseguinte, na modulação da capacidade da APC para ativar as células T efectoras, o que conduz à supressão e à tolerância imunitária (Curti et al., 2009; Wing et al., 2011).

(d) Foi demonstrado que o CD80 e o CD86 nas APCs podem ser capturados e degradados pelo CTLA-4 através de um processo de transendocitose, resultando assim em respostas prejudicadas das células T (Qureshi et al., 2011).

A ligação do CTLA-4 também pode afetar a maquinaria transcricional das APCs ao induzir a translocação nuclear de FOXO3, que regula a expressão de IL-6 nas DCs (Wing et al., 2011), conforme descrito na **Figura 2.4.**

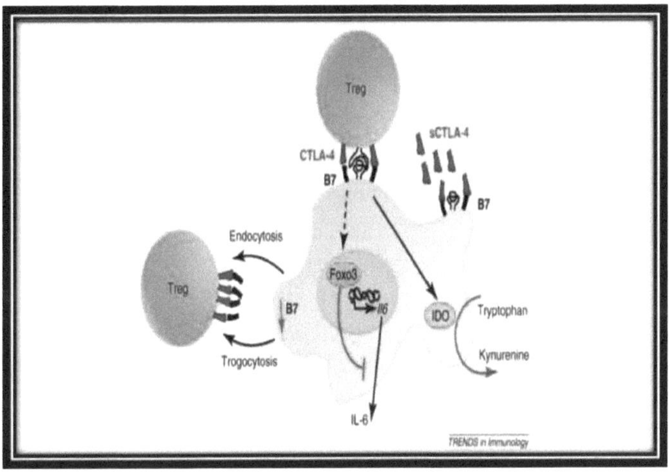

Figura (2(4) O CTLA-4 pode modular a função da APC através de vários mecanismos diferentes. (**Adotado de:** Wing K et al., 2011)

A capacidade destes modelos para prever o comportamento funcional do CTLA-4 é variável. Por exemplo, apesar das percepções populares do CTLA-4 como um sinal inibitório para a ativação das células T, um conjunto consistente de literatura indica que a principal função do CTLA-4 *in vivo* é através de uma via extrínseca à célula, ou seja, o CTLA-4 influencia as células à sua volta e não a célula que o expressa (Hou et al., 2015).

Além disso, os sinais CTLA-4 influenciam a diferenciação das células T CD4+. De facto, em ratinhos deficientes em CTLA-4, as células T mostraram-se fortemente inclinadas para um fenótipo Th2, mesmo na ausência do fator de transcrição da linhagem Th2, o transdutor de sinal e ativador da transcrição-6 (STAT-6). Recentemente, demonstrou-se também que o CTLA-4 influencia as respostas Th17, uma vez que o bloqueio do CTLA-4 resultou num aumento da diferenciação Th17 e da produção de IL-17, tanto *in vitro* como *in vivo*. Estes dados implicam que os sinais de CTLA-4 inibem as respostas Th17 (Bour-Jordan et al., 2011).

2.8. Relevância do CTLA-4 para a doença

Nos seres humanos, foi relatado que o gene *CTLA-4* contribui para uma suscetibilidade geral a doenças auto-imunes, especialmente para doenças endócrinas como a diabetes tipo 1, mas também para o lúpus eritematoso sistémico, a esclerose múltipla e a artrite reumatoide (Gough, Walker e Sansom, 2005; Ghaderi, 2011). É um alvo importante para a imunoterapia do cancro, uma vez que o anticorpo bloqueador do CTLA-4 pode ajudar a proteger contra alguns cancros (Intlekofer e Thompson, 2013).

2.9. Estudos anteriores

Um estudo realizado com 60 casais, incluindo 59 caucasianos e um afro-americano, com antecedentes de 3 ou mais abortos espontâneos inexplicáveis, demonstrou que existe uma associação entre a transmissão de repetições mais longas dos alelos (AT)n do gene *CTLA-4* entre as mulheres que sofreram perdas repetidas de gravidez. Os autores indicaram que o alelo G no exão 1 do *CTLA-4* 49 A/G e o alelo longo comum (AT)n (ou seja, o alelo de 106 pb) estão em LD entre os casos de RPL e também observaram um risco quase três vezes superior para o alelo 106 (AT)n (Tsai et al., 1998).

A genotipagem para investigar a relação entre a suscetibilidade à LRP e o polimorfismo *CTLA-4* A49G foi efectuada em 168 mulheres chinesas com LRP inexplicada e 117 mulheres com antecedentes de gravidez normal, utilizando o método PCR-RFLP, que demonstrou que este SNP está associado à imunopatogénese da LRP (Wang et al., 2005).

No Irão, foi realizado um estudo para investigar a frequência do polimorfismo *CTLA-4* A49G na PE grave em 36 mulheres grávidas com pré-eclâmpsia grave e 151 mulheres saudáveis, utilizando o método de reação em cadeia da polimerase - polimorfismo de conformação de cadeia simples (PCR-SSCP) para a genotipagem. Os resultados sugerem que a heterozigotia no alelo *CTLA-4* A49G pode ser um fator de predisposição para a pré-eclampsia grave (Dehaghani et al., 2005).

Na Finlândia, foi realizado um estudo para investigar o polimorfismo *CTLA-4* A49G e a suscetibilidade individual ao desenvolvimento de pré-eclampsia ou descolamento da placenta em 361 mulheres (132 com pré-eclampsia, 117 com descolamento da placenta e 112 controlos saudáveis). Os resultados mostraram que o polimorfismo 49A-G está associado ao desenvolvimento de descolamento da placenta e pré-eclâmpsia, sendo que as mulheres com o alelo G estão em risco (Jaaskelainen et al., 2008).

Foi efectuado um estudo em 242 mulheres Han de Ningxia com RPL e 228 mulheres com antecedentes de gravidez normal para investigar a relação entre os SNP do gene *CTLA-4* (+49A/G, -318 C/T, -1661 A/G e -1722 T/C) e a RPL utilizando o método PCR-RFLP mostrou que as frequências genotípicas e alélicas dos SNPs -1661 A/G, -1722 T/C e +49 A/G não eram estatisticamente significativas, enquanto que em (-318 C/T) os genótipos CC e CT podem ser factores de predisposição para a RPL (Chaili, 2010).

No Brasil, foi realizado um estudo de caso-controlo em 130 pacientes com pré-eclâmpsia (PE) e 261 mulheres de controlo sem quaisquer distúrbios obstétricos ou sistémicos para avaliar os polimorfismos dos genes *CTLA-4* (+49 A/G), *CD28* (+17 T/C) e *ICOS* (-1564 T/C) em mulheres brasileiras com PE, utilizando o método PCR-RFLP. Os autores encontraram uma freqüência significativamente menor do alelo *ICOS* (-1564) T em mulheres com PE leve em comparação com os controles e nenhuma diferença nos polimorfismos *CTLA-4* (+49 A/G) e *CD28*

(+17 T/C) e frequências alélicas entre os doentes com PE e os controlos (Pendeloski et al., 2011).

No norte da Índia, foi efectuado um estudo retrospetivo de controlo de casos em 300 doentes com RPL e 500 controlos com idades e etnias equivalentes para investigar o papel dos polimorfismos *CTLA-4* +49 A/G, *CTLA-4* (AT)n 3'UTR, *TNF-a-308G/A* e *TNF-a-238G/A* como marcadores de suscetibilidade para RPL, utilizando o método PCR-RFLP. O método de sequenciação de genes foi adotado para estudar o polimorfismo *CTLA-4* (AT)n 3'UTR. O estudo indicou que o genótipo homozigótico mutante GG de *CTLA-4* +49A/G, o genótipo AA e o alelo A de *TNF-a-308*, o alelo G de *TNF-a-238* desempenham papéis predisponentes em doentes com aborto espontâneo recorrente (Gupta, Prakash, Parveen e Agrawal, 2012).

No Irão, 60 mulheres com história de duas ou mais perdas de gravidez foram seleccionadas e consideradas como o grupo de casos. Um grupo de mulheres saudáveis (n=60) com pelo menos dois nados-vivos sem qualquer história prévia de perda de gravidez foi considerado como grupo de controlo. Os genótipos *CTLA-4* +49 A/G foram detectados utilizando o ensaio (PCR-RFLP). Os resultados mostraram que o polimorfismo *CTLA-4* +49 A/G não era significativamente diferente entre os dois grupos (Bonyadi, Parsa, Taghavi e Zeinalzadeh, 2014).

Num estudo de caso-controlo, para avaliar a associação entre os SNPs do gene *CTLA-4* e a RPL inexplicada numa população iraniana. Foram incluídas doentes (n= 195) com história de, pelo menos, três abortos espontâneos consecutivos de etiologia inexplicada antes da 20.ª semana de gestação e 102 mulheres saudáveis com, pelo menos, duas gravidezes normais. Os genótipos de dois SNPs no gene *CTLA-4,* uma transição C/T na posição -318 e uma transição A/G na posição +49, foram determinados através da análise PCR-RFLP. Os resultados mostraram que o polimorfismo - 318C/T na região promotora do gene *CTLA-4* diferia significativamente entre os doentes com RPL inexplicada e os controlos, enquanto não foi encontrada qualquer associação entre o polimorfismo +49A/G no exão 1 e a RPL inexplicada (Naderi et al., 2014).

Na Tunísia, foi efectuado um estudo para investigar a relação entre o RPL inexplicável e os SNPs do gene *CTLA-4* -318 C/T (rs5742909), +49A/G (rs231775) e CT60 A/G (rs3087243), através de ensaios Taq-Man. A amostra do estudo era constituída por 470 mulheres tunisinas, incluindo 235 casos de RPL e 235 controlos multíparos. Os seus resultados mostraram uma associação significativa entre o genótipo rs231775 AG e os haplótipos CGA e CAG e a suscetibilidade à RPL e nenhuma associação significativa com outros SNPs investigados (Messaoudi, Houas, Yaseen, Dandana e Mahjoub, 2014).

No Japão, foi efectuado um estudo de controlo de casos para investigar a relação entre os polimorfismos dos genes *PD-1* e *CTLA-4* e o RPL, utilizando o ensaio Taqman PCR em 264 doentes a quem foi diagnosticado RPL inexplicável e 181 controlos férteis, tendo sido comparada a taxa de nascimentos subsequentes nos 264 doentes com e sem o alelo de risco. O estudo concluiu que existia uma diferença significativa na frequência do SNP do gene *PD-1* do grupo de RPL, no entanto, não existia qualquer diferença no SNP do gene *CTLA-4*. A partir deste estudo, as taxas de nascimentos vivos dos doentes com o alelo de risco do gene *PD-1* foram determinadas em 84,6% e as dos doentes sem o alelo de risco em 81,7%, sem diferença significativa após a exclusão dos casos com um cariótipo embrionário anormal. O produto da conceção (tecido da decídua e das vilosidades) foi testado por imunohistoquímica em casos que resultaram em perda de gravidez e que tiveram um embrião normal na gravidez seguinte e mostrou pouca diferença na expressão de *PD- L1* com ou sem alelo de risco do gene *PD-1* (Hayashi et al., 2015).

Foi realizado um estudo em 120 mulheres com RPL e 120 do grupo de controlo no sudoeste do Irão para investigar a relação entre RPL e o polimorfismo *CTLA-4* (+49 A/G) utilizando o método PCR-RFLP. Os resultados mostraram uma associação significativa entre os alelos menores (G) e a diminuição do risco de LPR. A frequência do alelo G nos controlos e nos doentes foi de 25% e 12%, respetivamente. Um genótipo GG no modelo codominante e no modelo dominante para o alelo G (GG+AG vs. AA) mostrou associações significativas com RPL (Rasti e Nasiri, 2016).

Capítulo 3

Metodologia

3.1. Materiais

3.1.1. Equipamento

O presente trabalho foi realizado no laboratório de Genética da Universidade Islâmica de Gaza. Os principais equipamentos utilizados no estudo estão listados na **Tabela 3-1**.

Tabela (3.1): Os principais equipamentos utilizados neste estudo

	Item	Manufacturer
1.	Thermal Cycler	BioRad, USA Biometra
2.	Horizontal electrophoresis chambers/tanks	BioRad, Germany
3.	Electrophoresis power supply	BioRad, Germany
4.	Digital balance	AE adam, USA
5.	Vortex mixer	BioRad, Germany
6.	Gel documentation system	Vision, Scie-Plas Ltd, UK
7.	Safety cabinet	Heraeus, Germany
8.	Microcentrifuge	BioRad, Germany
9.	Freezer, refrigerator	ORSO, pharml-spain
10.	Micropipettes 0.1-2.5 μl 0.5-10 μl 5-50 μl 20-200 μl 100-1000 μl	Dragon-lab, USA
11.	Microwave Oven	L.G, Korea

3.1.2. Produtos químicos, kits e materiais descartáveis

Os produtos químicos, kits e materiais descartáveis utilizados neste estudo são enumerados no **Quadro 3-2.**

Tabela (3.2): Produtos químicos, kits e materiais descartáveis utilizados neste estudo

	Item	Manufacturer
1.	Wizard ® Genomic DNA Purification Kit	Promega (Madison, USA)
2.	PCR Go Taq® Green Master Mix	Promega (Madison, USA)
3.	Agarose	Promega (Madison, USA)
4.	PCR primers	Promega (Madison, USA)
5.	Nuclease free water	Promega (Madison, USA)
6.	Ethidium Bromide (EtBr) 10mg/ml	Promega (Madison, USA)
7.	DNA molecular size marker (Ladder).	BioLab, New England (UK)
8.	Restriction enzymes	BioLab, New England (UK)
9.	Absolute Isopropanol and Ethanol 70%	(Sigma USA)
10.	Filter tips 0.1-10 µl 5-50 µl 20-200 µl 100-1000 µl	Labcon, USA
11.	Microfuge tubes for PCR - thin wall 0.2 mL capacity	Labcon, USA
12.	Microfuge tubes - 1.5 mL capacity	Labcon, USA
13.	EDTA tubes	Hy. Labs. Israel
14.	Disposable tips	Labcon, USA

3.2. Amostra do estudo

3.2.1. Conceção do estudo

O presente estudo é um estudo caso-controlo, no qual as mulheres com RPL foram comparadas com mulheres sem qualquer registo de aborto.

3.2.2. Localização do estudo

Laboratório de genética - Universidade Islâmica, Faixa de Gaza.

3.2.3. Objectos de estudo

O grupo de estudo (n=200) incluía mulheres com idades compreendidas entre os 20 e os 35 anos que tinham sofrido pelo menos dois abortos espontâneos antes da 20.ª semana de gestação. O grupo de controlo (n=200) era constituído por mulheres que tinham dado à luz pelo menos uma criança saudável e não tinham antecedentes de perda de gravidez. Os controlos foram emparelhados com os indivíduos do estudo para todas as outras características possíveis. Nenhum dos indivíduos incluídos na população do estudo utilizava contraceptivos orais, hormonais ou qualquer medicação grave que afectasse as funções vitais do corpo. Os indivíduos com causas conhecidas de RPL foram excluídos do grupo de estudo.

Todas as amostras do estudo foram recrutadas no laboratório de genética da Universidade Islâmica de Gaza.

3.2.4. Considerações éticas

Foi obtido o consentimento informado de todos os sujeitos que participaram no estudo. O objetivo do estudo foi explicado na íntegra a todos os participantes e foi obtido o seu consentimento. O estudo foi aprovado pelo Ministério da Saúde (MOH) da Faixa de Gaza.

3.3. Genotipagem:

3.3.1. Extração de ADN e determinação do polimorfismo

Foram colhidos cerca de 2,0 ml de sangue venoso em tubos EDTA estéreis, sob controlo de qualidade e procedimentos de segurança. O ADN genómico foi isolado do sangue utilizando o Wizard Genomic DNA Purification Kit (Promega, EUA), seguindo as instruções do fabricante.

O ADN isolado foi armazenado a -20C° até à análise dos polimorfismos do gene *CTLA-4.*

3.3.2. Reconstituição dos iniciadores de PCR

Os primers foram recebidos num estado liofilizado. Os recipientes dos primers foram centrifugados a 13 000 rpm durante 3 minutos e depois reconstituídos com água ultrapura (água sem nuclease) para criar uma solução de reserva de cada primer com uma concentração final de 100pmol/pl. A solução-mãe de iniciadores foi então misturada em vórtex. Foi retirada uma alíquota de 10 pl do iniciador de reserva e diluída com 90 pl de água sem nuclease para obter uma solução de trabalho de 10pmol/pl.

3.3.3. Análise dos polimorfismos do gene CTLA-4 por PCR-RFLP

Os quatro SNP foram genotipados utilizando a técnica PCR-RFLP. Os iniciadores específicos da PCR foram concebidos utilizando o software Primer3 em linha com base na sequência genómica depositada no banco de genes e a sequência de cada SNP foi obtida da base de dados NCBI-SNP, tal como apresentado no **apêndice** 1.

Em seguida, as enzimas de restrição necessárias para a identificação PCR-RFLP de cada SNP foram seleccionadas a partir da base de dados do New England Biolabs, como se mostra na **Tabela** 3.3.

Os primers e as condições da PCR, a digestão com enzimas de restrição e a interpretação dos resultados foram efectuados conforme indicado nos **quadros** 3.3 e 3.4.

Tabela (3.3): A mistura de PCR e as condições de reação utilizadas para a genotipagem dos SNP *do CTLA-4.*

<table>
<tr><th>SNP</th><th>SNP primer</th><th>PCR product size</th><th>PCR program</th><th>PCR mix condition</th></tr>
<tr><td rowspan="2">+49A/G</td><td>F: TCCTGAAGACCTGAACACCG</td><td rowspan="2">222 bp</td><td rowspan="2">94°C, 5 min,
94°C, 30 sec;
56°C, 45 sec;
72°C, 45 sec; 35 cycle
72°C, 5min</td><td rowspan="4">Total volume of 20 μL, with 10 μL Taq PCR Master mix (Promega, USA), 2μL (10pmol) of primers, 4μL Nuclease-free water, 2μL (50ng) of genomic DNA</td></tr>
<tr><td>R: TGCCTTTGACTGCTGAAACA</td></tr>
<tr><td rowspan="2">-318C/T</td><td>F: GGCTCAGAAAGTTAGCAGCC</td><td rowspan="2">247 bp</td><td rowspan="2">94°C, 5 min
94°C, 30 sec;
57°C, 45 sec;
72°C, 45 sec; 35 cycle
72°C, 5min</td></tr>
<tr><td>R: ACAACCTCAAGCACTCAACTG</td></tr>
<tr><td>-1661A/G</td><td>F: CTAAGAGCATCCGCTTGCACCT</td><td rowspan="2">486 bp</td><td rowspan="2">94°C, 5 min
94°C, 30 sec;
60°C, 45 sec;
72°C, 45 sec; 35 cycle
72°C, 5min</td><td rowspan="2">Total volume of 30 μL, with 15 μL Taq PCR Master mix (Promega, USA), 2μL(10pmol) of primers, 9μL Nuclease-free water, 2μL (50ng) of genomic DNA.</td></tr>
<tr><td>-1722 T/C</td><td>R: TTGGTGTGATGCACAGAAGCCTTT</td></tr>
</table>

Tabela (3.4): Enzimas de restrição, condições de digestão e comprimento dos fragmentos digeridos

	+49A/G	-318C/T	-1661A/G	-1722 T/C
Enzyme	APeK1	MnlI	DRA1	APeK1
The enzymatic digestion condition	A 10μL aliquot was digested with 0.12 μL of APek 1 restriction enzyme (NEB, UK) at 75∘C for 30 minute	A 10μL aliquot was digested with 0.2 μL of MnlI restriction enzyme (NEB, UK) at 37∘C for 1 hour	A 10μL aliquot was digested with 0.2 μL of DRA1 restriction enzyme (NEB, UK) at 37 C for overnight incubation.	A 10μL aliquot was digested with 0.12 μL of APek 1 restriction enzyme (NEB, UK) at 75∘C for 30 minute
Length of digested fragments (bp)	**A allele:** 222 bp	**C allele:** 96+70+67+14 bp	**A allele :** 334 + 152 bp	**T allele :** 486 bp
	G allele : 79 bp + 143 bp	**T allele:** 137 +96 + 14 bp	**G allele :** 486 bp	**C allele :** 270 + 216 bp
- Digested PCR products was then electrophoresed on 3.0% agarose gel and was visualized by ethidium bromide staining.				

3.4. Eletroforese em gel de agarose (3,0%)

1. Dissolveu-se o gel de agarose seco (2,4 g) em 80 ml de tampão Tirs-Acetato-EDTA 1x (base Tris 2M, ácido acético glacial 1M, EDTA 0,05 M) por aquecimento.

2. Em seguida, foram adicionados 4,0 pl de brometo de etídio (10 mg/ml) e misturados, tendo o gel sido moldado

num molde que foi equipado com um pente formador de poços.

3. O gel de agarose foi submerso em tampão de eletroforese num aparelho de eletroforese horizontal.

4. Após a amplificação, os produtos da PCR e um marcador de tamanho de escada de ADN (Promega, Madison, WI, EUA) foram colocados nos poços das amostras para ajudar na determinação do tamanho do fragmento.

5. Os fragmentos da PCR foram detectados pelo tamanho no gel de agarose.

6. A eletroforese foi efectuada utilizando a fonte de alimentação de eletroforese (BioRad, EUA) a 70 volts durante 40 minutos à temperatura ambiente, e as bandas de ADN foram visualizadas e documentadas utilizando um sistema de documentação com transiluminador UV

3.5. Análise estatística

A equação de equilíbrio de Hardy-Weinberg (HWE) foi utilizada para calcular as frequências genotípicas esperadas. A diferença entre os genótipos esperados e observados foi avaliada pelo teste X2. *O valor de* $p < 0,05$ foi considerado estatisticamente significativo.

As frequências dos alelos e genótipos foram comparadas entre os grupos de doentes e de controlo através do teste do Qui-quadrado, quando apropriado. O odds ratio (OR) e o intervalo de confiança (IC) de 95% também foram estimados para testar a relação entre a RPL e os polimorfismos investigados.

Capítulo 4

Resultados

4.1. Resultados da genotipagem por PCR-RFLP

As figuras seguintes **(4.1 a 4.4)** representam, de forma respectiva, exemplos de genotipagem dos polimorfismos do gene *CTLA-4* "+49A/G, -318C/T, -1722 T/C e -1661 A\G" investigados neste estudo.

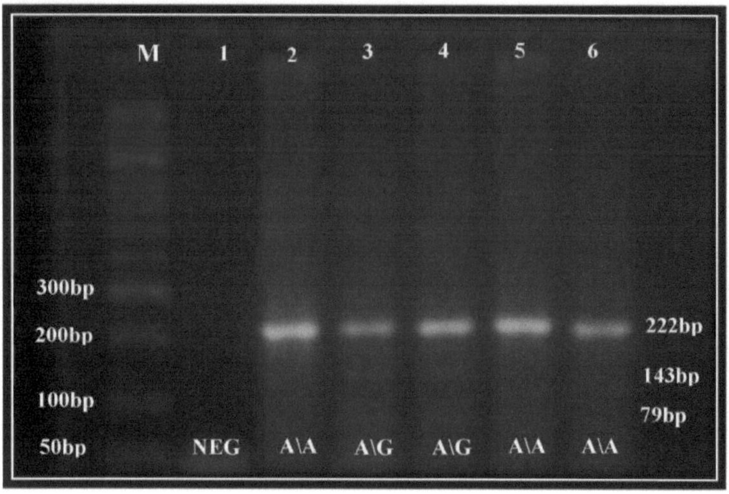

Figura (4(1) Fotografia de um gel de agarose a 3% corado com brometo de etídio que mostra os produtos PCR-RFLP do polimorfismo *CTLA-4* "+49A/G.

Linha M: Escada de ADN de 50 pb. A pista 1 indica o controlo negativo, as pistas 2,5,6 indicam amostras homozigóticas para A\A (222 pb) e as pistas 3,4 indicam o genótipo heterozigótico A\G (222 +143+ 79 pb).

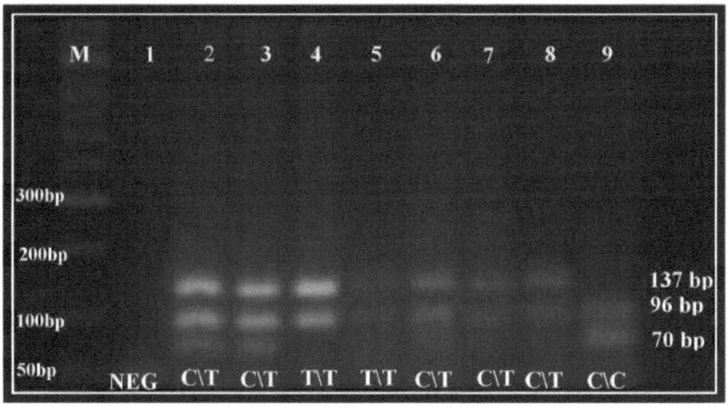

Figura (4(2) Fotografia de um gel de agarose a 3% corado com brometo de etídio que mostra a Produtos PCR-RFLP do polimorfismo *CTLA-4* "-318 C/T.

Faixa M: escada de ADN de 50 pb, a faixa 1 indica o controlo negativo, as faixas 2,3 indicam amostras C\T heterozigóticas (137+ 96 + 70 pb), as faixas 4,5 indicam T\T homozigótico (137 + 96 pb) e a faixa 9 ilustra um C\C homozigótico (96 + 70 pb).

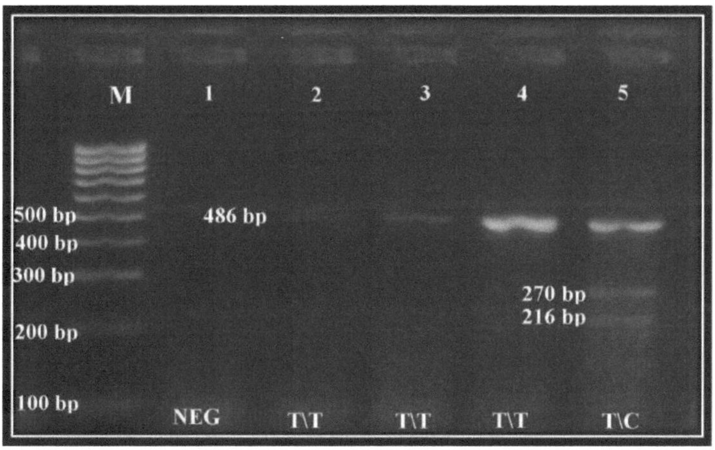

Figura (4(3) Fotografia de um gel de agarose a 3% corado com brometo de etídio que mostra os resultados de PCR-RFLP do polimorfismo *CTLA-4* "-1722 T/C. Faixa M: escada de ADN de 100 pb, a faixa 1 indica o controlo negativo, as faixas 2,3,4 indicam amostras homozigóticas T\T (486 pb) e a faixa 5 indica uma amostra heterozigótica T\C (486, 270+ 216 pb).

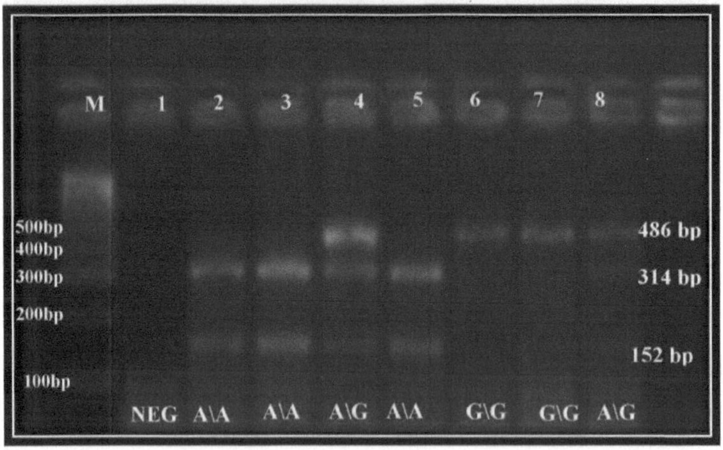

Figura (4(4) Fotografia de um gel de agarose a 3% corado com brometo de etídio que mostra os produtos PCR-RFLP do polimorfismo *CTLA-4* "-1661 A/G.

Faixa M: escada de ADN de 100 pb, a faixa 1 indica o controlo negativo, as faixas 2,3,5 indicam o genótipo homozigótico A\A (314 +152 pb), as faixas 4,8 indicam o genótipo heterozigótico A\G (486 +314 + 152 pb) e as faixas 6,7 indicam o genótipo homozigótico G\G (486 pb).

4.2. Frequências genotípicas e alélicas dos polimorfismos do gene *CTLA-4* em doentes e controlos

4.3. e 4.1 ilustra as frequências dos genótipos e dos alelos, o odds ratio, os intervalos de confiança de 95% e os valores de *P* para os quatro polimorfismos do gene *CTLA-4* entre os doentes com RPL e os controlos.

As análises estatísticas das frequências genotípicas e alélicas para os SNP testados **não** revelaram **qualquer** diferença **significativa** (todos os valores de P são > 0,05) entre os doentes com RPL e os controlos.

Tabela (4.1): Frequências genotípicas e alélicas dos polimorfismos do gene *CTLA-4* em doentes com RPL e controlos.

SNP	Allele	Patients n=200	Controls n=200	OR (95%CI)	P-Value
CTLA-4 +49A/G	A\A	111 (55.5%)	112 (56%)	0.98 (0.66 to 1.45)	0.92
	A\G	89 (44.5%)	88 (44%)	1.02 (0.68 to 1.51)	0.92
	G\G	0	0	-	-
	Normal A	311(77.75%)	312 (78%)	0.98 (0.70 to 1.37)	0.93
	Mutant G	89 (22.25%)	88 (22%)		
CTLA-4 -318C/T	C\C	145 (72.5%)	159 (79.5%)	0.68 (0.43 -1.08)	0.1
	C\T	51 (25.5%)	37 (18.5%)	1.04 (0.64 -1.7)	0.86
	T\T	4 (2%)	4 (2%)	1 (0.24 - 4.05)	1
	Normal C	341(85.25%)	355 (88.75%)	0.73 (0.48 to 1.10)	0.14
	Mutant T	59 (14.75%)	45 (11.25%)		
CTLA-4 -1661A/G	A\A	95 (47.5%)	108 (54%)	0.77 (0.52 to 1.14)	0.19
	A\G	90 (45%)	79 (39.5%)	1.25 (0.84 to 1.86)	0.26
	G\G	15 (7.5%)	13 (6.5%)	1.16 (0.54 to 2.52)	0.7
	Normal A	280 (70%)	295 (73.75%)	0.83 (0.61 to 1.13)	0.23
	Mutant G	120 (30%)	105 (26.25%)		
CTLA-4 -1722 T/C	T\T	170 (85%)	167 (83.5%)	1.11 (0.65 to 1.92)	0.68
	T\C	30 (15%)	33 (16.5%)	0.9 (0.52 to 1.53)	0.68
	C\C	0	0	-	-
	Normal T	370 (92.5%)	367 (91.75%)	1.10 (0.66 to 1.85)	0.73
	Mutant C	30 (7.5%)	33 (8.25%)		

4.3. Equilíbrio de Hardy-Weinberg nos quatro polimorfismos *do CTLA-4*

O desvio do equilíbrio de Hardy-Weinberg (HWE) foi avaliado como indicado no seguinte exemplo representativo.

HWE para *CTLA-4* +49A\G:

Frequência do alelo principal A (p) = 112X2 +88X1\200X2 = 0,78

Frequência do alelo menor G (q) = 0 X2+ 88X1\200X2 = 0,22

Frequências genotípicas esperadas:

Genótipo AA: p2 x200 = (0,78) 2 X 200 = 121,68 indivíduos.

Genótipo AG: 2pq x200 = 2X0,78X0,22 X 200 = 68,64 indivíduos.

Genótipo GG: q2 x200 = (0,22)2x 200 = 9,68 indivíduos.

A diferença entre as frequências genotípicas observadas e esperadas no grupo de controlo foi determinada utilizando o teste do quadrado Chi (X).^{2}

A Tabela 4.2 ilustra as frequências genotípicas observadas e esperadas dos polimorfismos *do CTLA-4* no grupo de controlo. O teste do qui-quadrado mostrou que não existe um desvio significativo do equilíbrio de Hardy-Weinberg para os genótipos SNP -318C\T, -1661 A\G e -1722 T\C. No entanto, os genótipos *CTLA-4* +49A\G apresentaram um desvio significativo do equilíbrio de Hardy-Weinberg com um ***valor de* P =0,0001.**

Tabela (4.2): Frequências genotípicas observadas e esperadas dos quatro polimorfismos do gene *CTLA-4* no grupo de controlo.

	Observed Genotype	Expected Genotype	P-value	Chi square (X^2)
+49A\G				
A\A	112	121.7	0.0001*	15.9
A\G	88	68.64		
G\G	00	9.68		
-318 C\T				
C\C	159	157.5	0.3	1.08
C\T	37	39.9		
T\T	4	2.5		
-1661 A\G				
A\A	108	108.78	0.77	0.081
A\G	79	77.4		
G\G	13	13.78		
– 1722 T\C				
T\T	167	168.36	0.2	1.6
T\C	33	30.28		
C\C	00	1.36		

df=1.
* Significant difference

4.4. Frequências, rácio de probabilidades e valores de P dos quatro polimorfismos do gene *CTLA-4* entre os indivíduos com LPR e os indivíduos do grupo de controlo, segundo o modelo recessivo

A Tabela 4.3 ilustra as frequências, o odds ratio e *os valores de P* dos SNPs do gene *CTLA-4* entre os indivíduos com LPR e os indivíduos do grupo de controlo, segundo o modelo recessivo. As análises estatísticas mostraram que não existe uma diferença significativa entre os dois grupos.

Tabela (4.3): Frequências, rácio de probabilidades e *valores de P* dos polimorfismos do gene *CTLA-4* entre os indivíduos com LPR e os indivíduos do grupo de controlo, segundo o modelo recessivo.

SNP	Allele	Patients n=200	Controls n=200	OR (95%CI)	*P*-Value
CTLA-4 +49A/G	A\A+A\G	200 (100%)	200 (100%)	1 (0.02 to 50.64)	1.00
	G\G	0	0	-	-
CTLA-4 -318C/T	C\C +CT	196 (98%)	196 (98%)	1 (0.24 to 4.05)	1.00
	T\T	4 (2%)	4 (2%)	1 (0.24 to 4.05)	1.00
CTLA-4 -1661A/G	A\A+A\G	185 (92.5%)	187 (93.5%)	0.86 (0.4 to 1.85)	0.69
	G\G	15 (7.5%)	13 (6.5%)	1.16 (0.54 to 2.52)	0.69
CTLA-4 -1722T/C	T\T+T\C	200 (100%)	200 (100%)	0.68 (0.43 -1.08)	1.00
	C\C	0	0	-	-

4.5. Distribuição dos polimorfismos do gene *CTLA-4* na população do estudo segundo o modelo dominante

A Tabela 4.4 ilustra as frequências, a razão de probabilidades e *os valores de P* dos SNP do gene *CTLA-4* entre os indivíduos com LPR e os indivíduos do grupo de controlo segundo o modelo dominante. A análise estatística não indica qualquer diferença significativa entre os dois grupos segundo este modelo.

Tabela (4.4): Frequências, rácio de probabilidades e valores de P do polimorfismo do gene *CTLA-4* entre a RPL e os indivíduos de controlo segundo o modelo dominante.

SNP	Allele	Patients n=200	Controls n=200	OR (95%CI)	*P*-Value
CTLA-4 +49A/G	A\A	111 (55.5%)	112 (56%)	0.98(0.66 to 1.45)	0.92
	A\G +G\G	89 (44.5%)	88 (44%)	1.02(0.68 to 1.51)	0.92
CTLA-4 -318C/T	C\C	145 (72.5%)	159 (79.5%)	0.68 (0.43 -1.07)	0.10
	C\T+T\T	55 (27.5%)	41 (20.5%)	1.47(0.92 to 2.34)	0.10
CTLA-4 -1661A/G	A\A	95 (47.5%)	108 (54%)	0.77(0.52 to 1.14)	0.19
	A\G+G\G	105 (52.5%)	92 (46%)	1.3 (0.87 to 1.92)	0.19
CTLA-4 -1722T/C	T\T	170 (85%)	167 (83.5%)	0.68 (0.43 -1.08)	0.10
	T\C+C\C	30 (15%)	33 (16.5%)	1.04 (0.64 -1.7)	0.86

4.6. Distribuição dos polimorfismos do gene *CTLA-4* na população do estudo segundo o modelo codominante

A Tabela 4.5 ilustra as frequências, o rácio de probabilidades e *o valor de P* dos SNP do gene *CTLA-4* entre os indivíduos com LPR e os indivíduos do grupo de controlo segundo o modelo codominante. As análises estatísticas não revelaram qualquer diferença significativa entre os dois grupos segundo este modelo.

Tabela (4.5): Frequências, rácio de probabilidades e valores de P dos polimorfismos do gene *CTLA-4*" entre os indivíduos com RPL e os indivíduos do grupo de controlo segundo o modelo codominante.

SNP	Allele	Patients n=200	Controls n=200	OR (95%CI)	P-Value
CTLA-4 +49A/G	A\G(***wt/mt***)	89 (44.5%)	88 (44%)	1.02 (0.68 to 1.51)	0.92
	A\A+G\G ***wt/wt+mt/mt***	111 (55.5%)	112 (56%)	0.98 (0.66 to 1.45)	0.92
CTLA-4 -318C/T	C\T(***wt/mt***)	51 (25.5%)	37 (18.5%)	0.68 (0.43 -1.08)	0.10
	C\C+T\T ***wt/wt+mt/mt***	149 (74.5%)	163 (81.5%)	1.04 (0.64 -1.7)	0.86
CTLA-4 -1661A/G	A\G(***wt/mt***)	90 (45%)	79 (39.5%)	1.25 (0.84 to 1.86)	0.26
	A\A+G\G ***wt/wt+mt/mt***	110 (55%)	121 (60.5%)	0.78 (0.53 to 1.18)	0.26
CTLA-4 -1722T/C	T\C(***wt/mt***)	30 (15%)	33 (16.5%)	0.68 (0.43 -1.08)	0.10
	T\T+C\C ***wt/wt+mt/mt***	170 (85%)	167 (83.5%)	1.04 (0.64 -1.7)	0.86

Capítulo 5

Discussão

A perda da gravidez é uma das complicações graves da gravidez, que afecta 1-2% das mulheres que tentam engravidar. Apesar de anos de esforços para determinar os factores envolvidos no aborto espontâneo, a causa permanece elusiva em cerca de 50% dos casos, o que reflecte a natureza heterogénea desta doença (Rasiti e Nasiri, 2016).

Vários mecanismos têm sido propostos para funcionar ativamente na proteção do feto semi-alogénico do sistema imunitário materno. A presença de células T reguladoras (Tregs) e a expressão de moléculas imunomoduladoras na interface materno fetal foram identificadas como factores cruciais para a tolerância fetomaterna (Riella et al., 2013).

A regulação das Tregs, por sua vez, é mediada por sinais co-estimulatórios independentes do antigénio, que actuam na superfície das células Treg (Gupta et al., 2012). O sinal de co-estimulação das células T desempenha um papel fundamental na manutenção da tolerância imunitária ao tecido fetal, e também fornece uma nova estratégia de intervenção terapêutica para a RPL (Gupta et al., 2012).

O CTLA-4 é um membro das moléculas co-estimuladoras. O CTLA-4 actua como um regulador negativo das células T activadas e pode ter um papel crítico no equilíbrio Th1/Th2 (Dehaghani et al., 2005). A sua expressão pode induzir a localização nuclear do fator de transcrição Foxo3, levando à inibição da produção de IL-6 e de outras citocinas inflamatórias (Tait e Hunter, 2009). A expressão de CTLA-4 em fibroblastos placentários e decíduas suporta o seu papel na manutenção da gravidez e tolerância fetomaterna (Rasti e Nasiri, 2016). Portanto, sugere-se que a expressão anormal de *CTLA-4*, efetuada por polimorfismo(s) genético(s), pode estar associada à RPL. De facto, alguns polimorfismos de nucleótido único (SNPs) *do CTLA-4* foram implicados como potenciais factores de risco para RPL em determinadas populações.

O presente estudo foi efectuado com o objetivo de investigar se os polimorfismos *CTLA-4* "-318 C/T, -1661 A\G, -1722 T\C e +49A\G" contribuem para a suscetibilidade à RPL. Os quatro polimorfismos foram investigados em 200 mulheres palestinianas que sofriam de RPL e em 200 controlos saudáveis.

- Associação entre o polimorfismo do exão-1 "+49 A/G" do gene *CTLA-4* "dbSNP ID rs231775" e a RPL:

Os resultados do estudo revelaram que este SNP não predispõe à RPL, uma vez que as frequências genotípicas e alélicas não mostraram qualquer diferença significativa entre os grupos RPL e de controlo. Esta relação manteve-se verdadeira nos modelos dominante, codominante e recessivo.

Curiosamente, o genótipo homozigótico "GG" não foi observado nem no grupo de casos nem no grupo de controlo. Com base nos nossos dados, a frequência do alelo menor (G) (MAF) para este polimorfismo no grupo de controlo é de 0,22, o que significa que se espera que este genótipo ocorra em cerca de 10 indivíduos das 200 amostras de controlo, conforme ilustrado nas **Tabelas** 4.1 e 4.2. Por conseguinte, a ausência deste genótipo na nossa população pode ser uma consequência da seleção contra este genótipo "deletério? Isto também explica o desvio observado dos genótipos deste SNP em relação ao equilíbrio de Hardy-Weinberg.

A pesquisa bibliográfica sobre a associação entre este polimorfismo e a RPL revelou resultados contraditórios. Enquanto (Wang et al., 2005; Gupta et al., 2012; Messaudi et al., 2014 e Rasiti e Nasiri, 2016) mostraram que existe uma associação significativa entre o polimorfismo *CTLA-4* +49 A\G e RPL. (Chaili, 2010; Pendeloski et al., 2011; Bonyadi et al., 2014; Naderi , 2014 e Hayashi et al., 2015) mostraram que não há associação entre o polimorfismo *CTLA-4* +49 A\G e RPL.

- Associação entre o polimorfismo do promotor do gene *CTLA-4* "-318 C/T" "dbSNP ID rs5742909" e a RPL:

Relativamente ao polimorfismo *CTLA-4* "-318 C/T", o genótipo C/T foi mais frequente nas doentes com RPL do que nas mulheres do grupo de controlo (25,5%, 18,5%, respetivamente), mas esta diferença não atingiu significado estatístico (**valor de *P* = 0,86). Por** outro lado, a frequência do genótipo C/C foi mais elevada no grupo de controlo em relação às doentes (79,5%, 72,5%, respetivamente), mas a diferença também não foi significativa (valor de ***P* = 0,1).**

Em analogia com o polimorfismo *CTLA-4* +49 A\G e o RPL, estudos efectuados em diferentes populações apresentaram resultados divergentes. (Chaili, 2010 e Naderi, 2014) relataram que existe uma associação significativa entre o polimorfismo *CTLA-4* "-318 C/T" e RPL. (Messaoudi et al., 2014), no entanto, não replicaram essa associação.

- Associação entre o polimorfismo do promotor do gene *CTLA-4* "-1661 A/G" "dbSNP ID rs4553808" e a RPL:

O genótipo A/A deste polimorfismo foi observado com maior frequência nas mulheres do grupo de controlo em comparação com as doentes com RPL (54%, 47,5%, respetivamente), mas esta diferença não foi significativa (**valor de P = 0,19).** O genótipo A/G foi mais elevado nas doentes com RPL do que no grupo de controlo (45%, 39,5%, respetivamente), mas, mais uma vez, a diferença não foi estatisticamente significativa (valor de **P = 0,26).**

Em consonância com os nossos resultados, (Chaili, 2010) demonstrou que o polimorfismo *CTLA-4*

"-1661 A/G" não está associado à RPL.

- **Associação entre o polimorfismo do promotor do gene *CTLA-4* "-1722 T/C" "dbSNP ID rs733618" e a RPL:**

No que diz respeito a este polimorfismo, a comparação das frequências genotípicas e alélicas nos grupos de casos e de controlo não revelou diferenças significativas. Resultados semelhantes foram relatados por (Chaili, 2010), que também mostrou uma falta de associação entre o polimorfismo *CTLA-4* "1722 T\C" e RPL.

Além disso, o genótipo homozigótico CC não foi encontrado em nenhum indivíduo dos indivíduos RPL e de controlo investigados. A explicação para a ausência do genótipo CC deve-se principalmente à ocorrência pouco frequente do alelo C (MAF ~ 0,08) na nossa população. Dada esta frequência do alelo C e a dimensão da amostra do estudo, é de esperar encontrar apenas um indivíduo com o genótipo CC na amostra do estudo, como se mostra na **Tabela** 4.2.

Os resultados contraditórios são comuns nos estudos de associação genética efectuados em diferentes populações. As possíveis explicações para resultados discrepantes incluem um ou mais dos seguintes factores: diferenças na etnia (antecedentes genéticos), dimensão da amostra, critérios de inclusão e exclusão do estudo, presença de polimorfismo(s) nucleotídico(s) noutro local do gene examinado, alterações epigenéticas, desequilíbrio de ligação a outras variantes de sequência na vizinhança do locus estudado e condições ambientais prevalecentes.

As diferenças étnicas podem interferir com as frequências alélicas/genotípicas e influenciar os resultados. Por conseguinte, um SNP pode estar associado à RPL numa população específica, mas não numa população diferente. Por outro lado, a heterogeneidade da RPL pode afetar o envolvimento e a natureza dos factores de suscetibilidade genética.

Um dos principais problemas da maioria dos estudos publicados sobre o polimorfismo *do CTLA-4* e a RPL até à data é a dimensão modesta da amostra. Uma vez que a RPL ocorre em aproximadamente 2% de todas as mulheres, é difícil para um único centro recrutar um número representativo de doentes com RPL. O número limitado de casos incluídos na maioria dos estudos reduz o poder estatístico, conduzindo frequentemente a resultados não significativos.

Além disso, a RPL parece ser uma doença multifatorial e não uma doença única. Isto implica que é provavelmente causada por múltiplos factores (genéticos, epigenéticos e não genéticos) e, por conseguinte, a RPL pode estar relacionada com polimorfismos num número de genes superior ao esperado.

Capítulo 6

Conclusões e recomendações

Conclusão:

O presente estudo incidiu sobre os polimorfismos do gene *CTLA-4*: (+49A\G, -318 C\T, -1661 A\G e -1722T\C) em 200 mulheres palestinianas que sofrem de RPL e 200 controlos correspondentes. Os resultados podem ser resumidos da seguinte forma:

1- O estudo revelou que não existe uma associação estatisticamente significativa entre os polimorfismos do gene *CTLA-4* examinados e a RPL na nossa população.

2- As frequências alélicas minor (MAFs) dos polimorfismos do gene *CTLA-4* no grupo de controlo são as seguintes +49A\G: 0,22, 318 C\T: 0,11, -1661 A\G: 0,26 e - 1722T\C: 0,08.

3- O genótipo A/G do SNP -1661 A\G foi mais elevado nos doentes com RPL em relação ao grupo de controlo (45%, 39,5%, respetivamente), mas a diferença não foi estatisticamente significativa (valor de P = 0,26).

4- Os genótipos do polimorfismo *CTLA-4* "+49A\G" do grupo de controlo desviaram-se significativamente do equilíbrio de Hardy-Weinberg, provavelmente devido a um efeito deletério do genótipo GG.

5- Os genótipos do grupo de controlo dos polimorfismos CTLA-4 "- 1661 A\G", "-318 C\T" e "-1722 T\C" estavam em equilíbrio de Hardy-Weinberg.

6- A ausência de diferenças significativas na frequência dos alelos/genótipos entre os grupos de RPL e de controlo implica que os polimorfismos investigados não representam um fator de risco para RPL na amostra estudada.

Recomendações:

1. Realização de estudos com amostras de maior dimensão para confirmar a ausência de associação entre o polimorfismo do gene *CTLA-4* "- 1661 A\G" e o RPL.
2. Testar polimorfismos adicionais do gene *CTLA-4* nos doentes com RPL.
3. Examinar outros polimorfismos de genes envolvidos na imunotolerância em casos de RPL.
4. Realização de mais estudos para correlacionar o nível de CTLA-4 com a RPL.

Referências

Boletim de Prática do ACOG n.º 118. (2011). Síndrome antifosfolipídica. *Comité de Boletins Práticos do Colégio Americano de Obstetras e Ginecologistas - Obstetrícia e Ginecologia, 117*(1),*192-199.*

Alegre, M. L., Noel, P. J., Eisfelder, B. J., Chuang, E., Clark, M. R., Reiner, S. L., & Thompson, C. B. (1996). Regulação da expressão superficial e intracelular de CTLA4 em células T de rato. *The Journal of Immunology, 157*(11), 4762-4770.

Allison, J. L., & Schust, D. J. (2009). Perda recorrente de gravidez no primeiro trimestre: definições revistas e novas causas. *Current Opinion in Endocrinology, Diabetes and Obesity, 16*(6), 446-450.

Anjos, S., Nguyen, A., Ounissi-Benkalha, H., Tessier, M. C., & Polychronakos, C. (2002). Uma variante do peptídeo de sinal comum que predispõe à autoimunidade do antigénio 4 dos linfócitos T citotóxicos resulta numa glicosilação ineficiente do alelo de suscetibilidade. *Journal of Biological Chemistry, 277*(48), 46478-46486.

Bansal, A. S. (2010). Joining the immunological dots in recurrent miscarriage (Unindo os pontos imunológicos no aborto recorrente). *American Journal of Reproductive Immunology*, *64*(5), 307-315.

Bashyam, H. (2007). CTLA-4: Do conflito à clínica. *The Journal of Experimental Medicine*, *204*(6), 1243-1243.

Beaman, K. D., Ntrivalas, E., Mallers, T. M., Jaiswal, M. K., Kwak-Kim, J., & Gilman-Sachs, A. (2012). Etiologia imunológica da perda recorrente de gravidez e seu diagnóstico. *Jornal Americano de Imunologia Reprodutiva*, *67*(4), 319-325.

Begum, M. R., Ehsan, M., Begum, M. S., Baby, H. A., Siddiqui, M., & Jesmin, S. (2011). Perda recorrente de gravidez: uma falha reprodutiva trágica. *Anwer Khan Modern Medical College Journal*, *2* (2), 29-35.

Bonyadi, M., Parsa, S., Taghavi, S., & Zeinalzadeh, N. (2014). Estudos sobre a relação do gene CTLA-4 + 49A / G com aborto recorrente no noroeste do Irã. *Molecular and Biochemical Diagnosis (Journal), 1* (3), 171-176.

Bour-Jordan, H., Esensten, J. H., Martinez-Llordella, M., Penaranda, C., Stumpf, M., & Bluestone, J. A. (2011). Controlo intrínseco e extrínseco da tolerância das células T periféricas por moléculas coestimuladoras da família CD28/B7. *Immunological reviews*, *241*(1), 180-205.

Branch, D. W., Gibson, M., & Silver, R. M. (2010). Recurrent miscarriage. *New England Journal of Medicine, 363*(18), 1740-1747.

Carbone, J. F., & Rampersad, R. (2010). Rastreio pré-natal de trombofilias: indicações e controvérsias. *Clínicas em medicina laboratorial, 30*(3), 747-760.

Chaili (2010). Associação dos polimorfismos do gene *CTLA-4* com aborto espontâneo recorrente, (Tese de Mestrado não publicada). Ningxia medical universityChina, Acedido a 10 de março de 2016 a partir do sítio Web do tema da dissertação, http://www.dissertationtopic.net/doc/83153

Chaouat, G. (2013). Inflamação, células NK e implantação: amigo e inimigo (o bom, o mau e o feio?): substituindo a viviparidade placentária em uma perspetiva evolutiva. *Jornal de imunologia reprodutiva, 97*(1), 2-13.

Christiansen, O. B. (2013). Imunologia reprodutiva. *Molecular immunology, 55*(1), 8-15.

Chui, D. H., & Waye, J. S. (1998). Hydrops fetalis caused by a-thalassemia: an emerging health care problem. *Blood, 91*(7), 2213-2222.

Curti, A., Trabanelli, S., Salvestrini, V., Baccarani, M., & Lemoli, R. M. (2009). O papel da indoleamina 2, 3-dioxigenase na indução de tolerância imunológica: foco na hematologia. *Blood, 113*(11), 2394-2401.

Dealtry, G. B., O'Farrell, M. K., & Fernandez, N. (2000). The Th2 cytokine environment of the placenta. *International archives of allergy and immunology, 123*(2), 107-119.

Dehaghani, A. S., Doroudchi, M., Kalantari, T., Pezeshki, A. M., & Ghaderi, A. (2005). Heterozigotia no gene *CTLA-4* e pré-eclâmpsia grave. *International Journal of Gynecology and Obstetrics, 88*(1), 19-24.

Devi, W. A., Pham, N., & Arici, A. (2006). Factores anatómicos na perda recorrente de gravidez. *Em Seminários em medicina reprodutiva, 24*(1), 25-32.

Dias, F. C., Medina, T. D. S., Mendes-Junior, C. T., Dantas, R. O., Pissetti, C. W., Junior, V. R., Joviliano, R. D., Marin-Neto, J. A., Gutierrez, R. S., Moreau, P., Donadi, E. A., & Silva, J. S. (2013). Sítios polimórficos no gene imunorregulador *CTLA-4* estão associados à doença de chagas crônica e suas manifestações clínicas. *PloS one*, *8* (10), e78367.

Du, P., Ma, X., & Wang, C. (2014). Associações de polimorfismos do gene *CTLA-4* com oftalmopatia de Graves: A Meta-Analysis. *Revista internacional de genómica* . doi:10.1155/2014/537969.

Erlebacher, A. (2013). Imunologia da interface materno-fetal. *Revisão anual de imunologia, 31*, 387-411.

Faridi, R. M., & Agrawal, S. (2011). Os receptores do tipo imunoglobulina assassina (KIRs) e os padrões de aloreconhecimento HLA-C implicativos da ativação dominante das células assassinas naturais contribuem para abortos recorrentes. *Human reproduction*, *26*(2), 491-497.

Ford, H. B., & Schust, D. J. (2009). Recurrent pregnancy loss: etiology, diagnosis, and therapy. *Rev Obstet Gynecol*, *2*(2), 76-83.

Franssen, M. T., Korevaar, J. C., Van der Veen, F., Leschot, N. J., Bossuyt, P. M., & Goddijn, M. (2006). Resultados reprodutivos após análise cromossómica em casais com dois ou mais abortos espontâneos: estudo caso-controlo. *Bmj, 332*(7544), 759-763.

Gaboon, N. E. (2013). Aborto espontâneo recorrente: uma visão geral dos antecedentes genéticos e do impacto dos factores masculinos: uma revisão. *Int J Hum Genet, 13*(2), 79-83.

Gattinoni, L., Ranganathan, A., Surman, D. R., Palmer, D. C., Antony, P. A., Theoret, M. R., Heimann, D. M., Rosenberg, S. A., & Restifo, N. P. (2006). CTLA-4 dysregulation of self/tumor-reactive CD8+ T-cell function is CD4+ T- cell dependent. *Blood, 108*(12), 3818-3823.

Geng, R., Song, F., Yang, X., Sun, P., Hu, J., Zhu, C., Zhu, B., & Fan, W. (2014). Associação entre os polimorfismos do antigénio citotóxico do linfócito T-4+ 49A/G,- 1722T/C, e- 1661A/G e o risco de cancro: uma meta-análise. *Tumor Biology, 35*(4), 3627-3639.

Ghaderi, A. (2011). Variantes do gene CTLA4 na autoimunidade e no cancro: uma revisão comparativa. *Jornal Iraniano de Imunologia, 8*(3), 127-127.

Gough, S. C., Walker, L. S., & Sansom, D. M. (2005). Polimorfismo do gene CTLA4 e autoimunidade. *Immunological Reviews, 204*(1), 102-115.

Guleria, I., & Sayegh, M. H. (2007). Aceitação materna do feto: verdadeira tolerância humana. *The Journal of Immunology, 178*(6), 3345-3351.

Gupta, R., Prakash, S., Parveen, F., & Agrawal, S. (2012). Associação do polimorfismo CTLA-4 e TNF-a com aborto recorrente entre mulheres do norte da Índia. *Cytokine, 60*(2), 456-462.

Hayashi, Y., Matsukawa, Y., Kitaori, T., Katano, K., Ozaki, Y., & Sugiura, M. (2015). Análises de genotipagem para polimorfismos do gene PD-1 e do gene CTLA4 em pacientes com perda recorrente de gravidez. *Human Reproduction, 30*, 191-191.

Hiby, S. E., Regan, L., Lo, W., Farrell, L., Carrington, M., & Moffett, A. (2008). Association of maternal killer-cell immunoglobulin-like receptors and parental HLA-C genotypes with recurrent miscarriage. *Human reproduction, 23*(4), 972-976.

Horne, A. W., & Alexander, C. I. (2005). Recurrent miscarriage. *Journal of Family Planning and Reproductive Health Care, 31*(2), 103-107.

Hou, T. Z., Qureshi, O. S., Wang, C. J., Baker, J., Young, S. P., Walker, L. S., & Sansom, D. M. (2015). Um modelo de transendocitose da função CTLA-4 prevê seu comportamento supressor em células T reguladoras. *The Journal of Immunology, 194* (5), 2148-2159.

Hsu, L. L., Champion, H. C., Campbell-Lee, S. A., Bivalacqua, T. J., Manci, E. A., Diwan, B. A., Schimel, D. M., Cochard, A. E., Wang, X., Schechter, A. N., Noguchi, C. T., & Noguchi, C. T. (2007). A hemólise em ratos com células falciformes causa hipertensão pulmonar devido ao comprometimento global da biodisponibilidade do óxido nítrico. *Blood, 109*(7), 3088-3098.

Intlekofer, A. M., & Thompson, C. B. (2013). No banco: justificativa pré-clínica para o bloqueio de CTLA-4 e PD-1 como imunoterapia contra o câncer. *Journal of leukocyte biology, 94*(1), 25-39.

Ise, W., Kohyama, M., Nutsch, K. M., Lee, H. M., Suri, A., Unanue, E. R., Murphy, T. L., & Murphy, K. M. (2010). O CTLA-4 suprime a patogenicidade das células T específicas do antigénio por mecanismos intrínsecos e extrínsecos às células. *Nature immunology*, *11*(2), 129-135.

Jaaskelainen, E., Toivonen, S., Keski-Nisula, L., Paattiniemi, E. L., Helisalmi, S., Punnonen, K., & Heinonen, S. (2008). *CTLA-4* polymorphism 49A-G is associated with placental abruption and preeclampsia in Finnish women. *Clinical Chemical Laboratory Medicine, 46*(2), 169-173.

Jain, N., Nguyen, H., Chambers, C., & Kang, J. (2010). Função dupla de CTLA-4 em células T reguladoras e células T convencionais para prevenir a autoimunidade de múltiplos órgãos. *Actas da Academia Nacional de Ciências*, *107*(4), 1524-1528.

Jeve, Y. B., & Davies, W. (2014). Gestão baseada em evidências de abortos recorrentes. *Jornal de ciências da reprodução humana*, *7*(3), 159-169.

Jin, L. P., Chen, Q. Y., Zhang, T., Guo, P. F., & Li, D. J. (2009). As células T reguladoras CD4+ CD25 brilhantes e a expressão *de CTLA-4* em linfócitos periféricos e deciduais são reguladas negativamente no aborto humano. *Clinical Immunology, 133*(3), 402-410.

Jin, L. P., Fan, D. X., & Li, D. J. (2011). Regulação do sinal coestimulatório na tolerância imunológica materno-fetal. *Jornal Americano de Imunologia Reprodutiva, 66*(2), 76-83.

Jin, L. P., Zhou, Y. H., Wang, M. Y., Zhu, X. Y., & Li, D. J. (2005). Blockade of CD80 and CD86 at the time of implantation inhibits maternal rejection to the allogeneic fetus in abortion-prone matings. *Journal of reproductive immunology, 65*(2), 133-146.

Kelachayeh, S. G., Salehi, Z., & Aleyasin, A. (2014). Avaliação das mutações HER2 na perda recorrente de gravidez (RPL). *Switzerland Research Park Journal,103*(2), 865-870.

Krichen, H., Sfar, I., Ben Abdallah,T., Bardi, R., Abderrahim, E., Jendoubi-Ayed, S., Makhlouf, M., Aouadi, H., Ayadi, H., Ayed, K., & Gorgi, Y. (2011). Avaliação dos Polimorfismos dos Genes CTLA-4, CD28 e CD86 na Rejeição Aguda do Aloenxerto Renal entre Pacientes Tunisinos, Transplante Renal. *InTech*, doi: 10.5772/18371.

Kusztal, M., Koscielska-Kasprzak, K., Drulis-Fajdasz, D., Magott-Procelewska, M., Patrzalek, D., Janczak, D., Chudoba, P., & Klinger, M. (2010). A influência do polimorfismo do gene *CTLA-4* na função do aloenxerto renal a longo prazo em receptores caucasianos. *Transplant immunology, 23*(3), 121-124.

Kutteh, W. H., & Odom, L. N. (2012). Avaliação da perda recorrente de gravidez: O papel da triagem autoimune. *SRM J, 10*, 5-11.

Kwak-Kim, J., Kim, J. W., & Gilman-Sachs, A. (2006). Imunologia e Perdas de Gravidez: HLA, Autoanticorpos e Imunidade Celular. *Gil Mor, MD, Ph.D.*, 303-315. doi: 10.1007/0-387-34944-8-24.

Kwak-Kim, J., Park, J. C., Ahn, H. K., Kim, J. W., & Gilman-Sachs, A. (2010). Artigo de revisão: modos imunológicos de perda de gravidez. *American Journal of Reproductive Immunology*, *63*(6), 611-623.

Larsen, E. C., Christiansen, O. B., Kolte, A. M., & Macklon, N. (2013). Novos insights sobre os mecanismos por trás do aborto espontâneo. *BMC medicine, 11*(1), 1-10.

Lassere, M., & Empson, M. (2004). Treatment of antiphospholipid syndrome in pregnancy-a systematic review of randomized therapeutic trials (Tratamento da síndrome antifosfolipídica na gravidez - uma revisão sistemática de ensaios terapêuticos aleatórios). *Thrombosis research, 114*(5), 419-426.

Lee, J. H., Kim, T. H., Oh, S. J., Yoo, J. Y., Akira, S., Ku, B. J., Lydon, J. P., & Jeong, J. W. (2013). O transdutor de sinal e ativador da transcrição-3 (Stat3) desempenha um papel crítico na implantação via recetor de progesterona no útero. *The FASEB Journal, 27*(7), 2553-2563.

Lee, S. K., Na, B. J., Kim, J. Y., Hur, S. E., Lee, M., Gilman-Sachs, A., & Kwak-Kim, J. (2013). Determinação de marcadores imunes celulares clínicos em mulheres com perda recorrente de gravidez. *Jornal Americano de Imunologia Reprodutiva, 70*(5), 398-411.

Lozano, V. F., Lins, T. C., Teixeira, M. M., Vieira, R. G., Blotta, M. H. S., Goes, A. M., Silva, I. C., Pereira, R. W., Bocca, A. L., & Felipe, M. S. S. (2011). Análise de polimorfismo do gene *CTLA-4* em pacientes com paracoccidioidomicose. *Memorias do Instituto Oswaldo Cruz, 106*(2), 220-226.

Makhseed, M., Raghupathy, R., Azizieh, F., Omu, A., Al-Shamali, E., & Ashkanani, L. (2001). Th1 and Th2 cytokine profiles in recurrent aborters with successful pregnancy and with subsequent abortions. *Human Reproduction,16*(10), 2219-2226.

Messaoudi, S., Houas, I., Yaseen, K., Dandana, M., & Mahjoub, T. (2014). Polimorfismos do gene CTLA-4 e risco de perda de gravidez recorrente idiopática em uma população tunisiana. *BMC Genomics, 15*(Suppl 2), P11. doi:10.1186/1471-2164-15- S2-P11

Middeldorp, S. (2011). O teste de trombofilia é útil? *Livro do Programa de Educação da ASH, 2011*(1), 150-155.

Molazadeh, M., Karimzadeh, H., & Azizi, M. R. (2014). Prevalência e significado clínico de anticorpos antinucleares em mulheres iranianas com aborto recorrente inexplicável. *Revista iraniana de medicina reprodutiva, 12*(3), 221-226.

Munn, D. H., Sharma, M. D., & Mellor, A. L. (2004). A ligação de B7-1/B7-2 por células T CD4+ humanas desencadeia a atividade da indoleamina 2, 3-dioxigenase nas células dendríticas. *The Journal of Immunology, 172*(7), 4100-4110.

Naderi, F., Kazemi, T., Fatemi, R., Zarei, S., & Idali, F. (2014). P-212: Associação entre Polimorfismos do Gene *CTLA-4* e Aborto Espontâneo Recorrente Inexplicado em uma População Iraniana. *Cell j (Yakhteh), 7*(3), 223-223.

Nagirnaja, L., Palta, P., Kasak, L., Rull, K., Christiansen, O. B., Nielsen, H. S., Steffensen, R., Esko, T., Remm, M., & Laan, M. (2014). Variação genômica estrutural como fator de risco para aborto espontâneo recorrente idiopático. *Mutação humana, 35*(8), 972-982.

Naz, S., Yasmin, S., & Taj, N. (2014). Frequência de abortos espontâneos no início da gravidez comparação entre mulheres obesas e mulheres com peso normal, *Biomedica, 30* (2), 101-105.

Oaks, M. K., & Hallett, K. M. (2000). Cutting edge: uma forma solúvel de CTLA-4 em pacientes com doença autoimune da tiroide. *The Journal of Immunology,164* (10), 5015-5018.

Oida, T., Xu, L., Weiner, H. L., Kitani, A., & Strober, W. (2006). A supressão mediada por TGF-e pelas células T CD4+ CD25+ é facilitada pela sinalização CTLA-4. *The Journal of Immunology, 177*(4), 2331-2339.

Parry, R. V., Chemnitz, J. M., Frauwirth, K. A., Lanfranco, A. R., Braunstein, I., Kobayashi, S. V., Linsley, P. S., Thompson, C. B., & Riley, J. L. (2005). Os receptores CTLA- 4 e PD-1 inibem a ativação das células T por mecanismos distintos. *Molecular and cellular biology, 25*(21), 9543-9553.

Pastuszak-Lewandoska, D., Domanska, D., Rudzinska, M., Bossowski, A., Kucharska, A., Sewerynek, E., Czarnecka, K., Migdalska-S^k, M., & Czarnocka, B. (2013). Os polimorfismos *CTLA-4* (+ 49 A/G e-318 C/T) são determinantes genéticos importantes da suscetibilidade à AITD e da predisposição para níveis elevados de autoanticorpos da tiroide em crianças polacas - estudo preliminar. *Ata Biochim Pol, 60*(4), 641-646.

Peeva, E. (2010). Reproductive immunology: current status and future directions (part I). *Revisões clínicas em alergia e imunologia, 39*(3), 143-147.

Pendeloski, K. P., Sass, N., Torloni, M. R., Mattar, R., Moron, A. F., Franchim, C. S., & Daher, S. (2011). Polimorfismos de genes imunorreguladores em mulheres com pré-eclâmpsia. *Hypertension Research, 34*(3), 384-388.

Petroff, M. G., & Perchellet, A. (2010). Artigo de revisão: B7 family molecules as regulators of the maternal immune system in pregnancy. *American Journal of Reproductive Immunology, 63*(6), 506-519.

Pluchino, N., Drakopoulos, P., Wenger, J. M., Petignat, P., Streuli, I., e Genazzani, A. R. (2014). Causas hormonais da perda recorrente de gravidez (RPL). *Hormonas (Atenas), 13*(3), 314-22.

Pokale, Y. Sh. (2015). Aborto recorrente, *Revista Internacional de Pesquisa em Ciências Médicas. 3*(9), 13-19.

Comité de Prática da Sociedade Americana de Medicina Reprodutiva (ASRM) (2012). Avaliação e tratamento da perda recorrente de gravidez: uma opinião do comité. *Fertilidade e Esterilidade, 98*(5), 1103-1111.

Comité de Prática da Sociedade Americana de Medicina Reprodutiva (ASRM) (2008). Definições de infertilidade e perda recorrente de gravidez. *Fertilidade e esterilidade, 89*(6), 1603.

Qureshi, O. S., Zheng, Y., Nakamura, K., Attridge, K., Manzotti, C., Schmidt, E. M., Baker, J., Jeffery, L. E., Kaur, S., Briggs, Z., Hou, T. Z., Futter, C. E., Anderson, G., Walker, L. SK., & Sansom, D. M. (2011). Trans-endocitose de CD80 e CD86, uma base molecular para a função extrínseca celular do CTLA-4. *Science, 332*(6029), 600-603.

Rasti, Z., & Nasiri, M.(2016). Associação do Polimorfismo +49 A/G do Gene *CTLA-4* com Aborto Espontâneo Recorrente Idiopático em Mulheres no Sudoeste do Irão. *J Reprod Infertil. 17*(3),000-000 (No prelo)

Riella, L. V., Dada, S., Chabtini, L., Smith, B., Huang, L., Dakle, P., Mfarrej, B., D'Addio, F., Adams, L. T., Kochupurakkal, N., Vergani, A., Fiorina, P., Mellor, A. L., Sharpe, A. H., Yagita,H.,& Guleria, A. (2013). B7h (ICOS-L) mantém a tolerância na interface fetomaterna. *The American journal of pathology*, *182*(6), 2204-2213.

Robertson, S. A., Prins, J. R., Sharkey, D. J., & Moldenhauer, L. M. (2013). Fluido seminal e a geração de células T reguladoras para implantação de embriões. *American Journal ofReproductive Immunology, 69*(4), 315-330.

Rudd, C. E., Taylor, A., & Schneider, H. (2009). Expressão dos coreceptores CD28 e CTLA-4 e transdução de sinal. *Immunological reviews, 229*(1), 12-26.

Rull, K., Nagirnaja, L., & Laan, M. (2012). Genética do aborto recorrente: desafios, conhecimento atual, direções futuras. *Front Genet*, *3*(34), 1-13.

Ruocco, M. G., Chaouat, G., Florez, L., Bensussan, A., & Klatzmann, D. (2015). Células T reguladoras na gravidez: perspetiva histórica, estado da arte e questões candentes. *Interacções Imunitárias durante o Ciclo Reprodutivo*, *5*(389), 44-53.

Saito, S., Nakashima, A., & Shima, T. (2011). Direcções futuras de estudos de aborto recorrente associado a etiologias imunológicas. *J Reprod Immunol, 90*(1), 91-5.

Saito, S., Nakashima, A., Shima, T., & Ito, M. (2010). Artigo de revisão: Thl/Th2/Th17 and Regulatory T-Cell Paradigm in Pregnancy. *Revista americana de imunologia reprodutiva*, *63*(6), 601-610.

Saito, S., Shima, T., Nakashima, A., & Lin, Y. (2010). Immune Surveillance during Pregnancy (Vigilância imunitária durante a gravidez). *Indian J Physiol Pharmacol*, *54*(5), 61-64.

Saito, S., Shima, T., Nakashima, A., Shiozaki, A., Ito, M., & Sasaki, Y. (2007). Qual é o papel das células T reguladoras no sucesso da implantação e no início da gravidez? *Journal of assisted reproduction and genetics*, *24*(9), 379-386.

Sakaguchi, S., Wing, K., & Miyara, M. (2007). Regulatory T cells-a brief history and perspective (Células T reguladoras - uma breve história e perspetiva). *Revista Europeia de Imunologia, 37* (S1), S116-S123.

Sasaki, Y., Sakai, M., Miyazaki, S., Higuma, S., Shiozaki, A., & Saito, S. (2004). Células T reguladoras CD4+ CD25+ do sangue decidual e periférico em mulheres no início da gravidez e em casos de aborto espontâneo. *Molecular human reproduction, 10*(5), 347-353.

Schneider, H., & Rudd, C. E. (2014). Diversos mecanismos regulam a expressão de superfície do alvo imunoterapêutico ctla-4. *Front Immunol, 5*(619), 1-10.

Schneider, H., Valk, E., Leung, R., & Rudd, C. E. (2008). A ativação do CTLA-4 da fosfatidilinositol 3-quinase (PI 3-K) e da proteína quinase B (PKB/AKT) sustenta a anergia das células T sem morte celular. *PLoS One, 3* (12), e3842.

Sharif, F. A. (2012). Anomalia cromossómica estrutural na perda recorrente de gravidez na faixa de Gaza: primeira experiência. *Jornal da Universidade Islâmica de Estudos Naturais e de Engenharia, 20*(1), 17-29.

Sharpe, A. H. (2009). Mechanisms of costimulation (Mecanismos de co-estimulação). *Immunological reviews, 229*(1), 5-11.

Sierra, S., & Stephenson, M. (2006, fevereiro). Genetics of recurrent pregnancy loss. Em *Seminários em Medicina Reprodutiva, 24*(1), 17-24.

Smith, M. L., & Schust, D. J. (2011, novembro). Endocrinologia e perda recorrente de gravidez precoce. Em *Seminários em medicina reprodutiva, 29*(6), 482-490.

Sun, T., Hu, Z., Shen, H., & Lin, D. (2009). Polimorfismos genéticos no antigénio 4 dos linfócitos T citotóxicos e cancro: a natureza dialética da subtil desregulação imunitária humana. *Cancer research, 69*(15), 6011-6014.

Sun, T., Zhou, Y., Yang, M., Hu, Z., Tan, W., Han, X., Shi, Y., Yao, J., Guo, Y., Yu, D., Tian, T., Zhou, X., Shen, H., & Tian, T. (2008). Variações genéticas funcionais no antigénio 4 dos linfócitos T citotóxicos e suscetibilidade a múltiplos tipos de cancro. *Investigação sobre o cancro, 68*(17), 7025-7034.

Tait, E. D., & Hunter, C. A. (2009). O Foxo e o cão de caça: perseguindo a regulação in vivo das populações de células T durante a infeção. *Nature immunology, 10*(5), 457-458.

Teft, W. A., Kirchhof, M. G., & Madrenas, J. (2006). Uma perspetiva molecular da função do CTLA-4. *Annu. Rev. Immunol, 24*, 65-97.

Thaventhiran, T., Sethu, S., Yeang, H. X. A., Al-Huseini, L., Hamdam, J., & Sathish, J. G. (2013). Receptores co-inibitórios de células T - funções e mecanismos de sinalização. *Jornal de Imunologia Clínica e Celular* S12: 004. doi: 10.4172 / 2155-9899

Thomas, I. J., de Marquesini, L. G. P., Ravanan, R., Smith, R. M., Guerder, S., Flavell, R. A., Wraith, D. C., Wen, L., & Wong, F. S. (2007). O CD86 tem efeitos coestimuladores sustentados nas células T CD8. *The Journal of Immunology, 179*(9), 5936-5946.

Tilburgs, T., Roelen, D. L., van der Mast, B. J., de Groot-Swings, G. M., Kleijburg, C., Scherjon, S. A., & Claas, F. H. (2008). Evidence for a selective migration of fetus-specific CD4+ CD25bright regulatory T cells from the peripheral blood to the decidua in human pregnancy. *The Journal of Immunology, 180*(8), 5737-5745.

Tripathi, S., & Guleria, I. (2015). Papel da via PD1 / PDL1 e células TH17 e treg na tolerância materna ao feto. *Biomedical journal, 38*(1), 25-31.

Tsai, A. F., Kaufman, K. A., Walker, M. A., Karrison, T. G., Odem, R. R., Barnes, R. B., Scott, J. R., Schreiber, J. R., Stephenson, M. D., & Ober, C. (1998). Transmission disequilibrium of maternally-inherited CTLA-4 microsatellite alleles in idiopathic recurrent miscarriage. *Journal of reproductive immunology, 40*(2), 147-157.

Tulandi, T., & Al-Fonzan, H. M. (2013). Definição e etiologia da perda recorrente de gravidez. Em T. Post (Ed.), *UpToDate*. Waltham, Massachusetts: UpToDate. Recuperado de http://www.uptodate.com/home .

Vaiman, D. (2015). Regulação genética do aborto espontâneo recorrente em humanos. *Biomedical journal*, *38*(1), 11-24.

Valk, E., Rudd, C. E., & Schneider, H. (2008). Tráfico de CTLA-4 e expressão de superfície. *Tendências em imunologia*, *29*(6), 272-279.

Van Niekerk, E. C., Siebert, I., & Kruger, T. F. (2013). Uma abordagem baseada em evidências para a perda recorrente de gravidez. *South African Journal of Obstetrics and Gynaecology*, *19* (3), 61-65.

Wakamatsu, E., Mathis, D., & Benoist, C. (2013). Efeitos convergentes e divergentes de moléculas coestimulatórias em células T CD4 + convencionais e regulatórias. *Actas da Academia Nacional das Ciências*, *110*(3), 1023-1028.

Walker, L. S., & Sansom, D. M. (2011). O papel emergente do CTLA4 como um regulador extrínseco celular das respostas das células T. *Nature reviews Immunology*, *11*(12), 852863.

Wang, S., Zhu, X., Xu, Y., Zhang, D., Li, Y., Tao, Y., Piao, H., Li, D., & Du, M. (2016). A morte celular programada-1 (PD-1) e a imunoglobulina mucina-3 de células T (Tim-3) regulam as células T CD4 + para induzir o viés de células T auxiliares tipo 2 (Th2) na interface materno-fetal. *Human Reproduction*, *31*(4), 700-711.

Wang, X. Y., Zuo, D., Sarkar, D., & Fisher, P. B. (2011). Bloqueio do antigénio-4 dos linfócitos T citotóxicos como uma nova abordagem terapêutica para o melanoma avançado. *Parecer de peritos em farmacoterapia, 12*(17), 2695-2706.

Wang, X., Lin, Q., Ma, Z., Hong, Y., Zhao, A., Di, W., & Lu, P. (2005). Association of the A/G Polymorphism at Position 49 in Exon 1 of CTLA-4 with the Susceptibility to Unexplained Recurrent Spontaneous Abortion in the Chinese Population (Associação do polimorfismo A/G na posição 49 do exão 1 do CTLA-4 com a suscetibilidade ao aborto espontâneo recorrente inexplicado na população chinesa). *American Journal of Reproductive Immunology*, *53*(2), 100-105.

Wang, X., Ma, Z., Hong, Y., Lu, P., & Lin, Q. (2006). Expressão do CD28 e do antigénio 4 dos linfócitos T citotóxicos na interface materno-fetal em mulheres com perda inexplicada da gravidez. *International Journal of Gynecology and Obstetrics, 93*(2), 123-129.

Wang, X.B., Pirskanen, R., Giscombe, R., & Lefvert, A.K. (2008). Dois SNPs na região promotora do gene *CTLA-4* afectam a ligação de factores de transcrição e estão associados à miastenia gravis humana. *Journal of Internal Medicine*, *263*(1), 61-69.

WHEC (centro de saúde e educação da mulher). Boletim de Prática e Directrizes de Gestão Clínica para os prestadores de cuidados de saúde. (2014, 19 de maio). *Recurrent pregnancyloss*. Accessed January 17, 2016. De: http://www.womenshealthsection.com/.

Wing, K., Yamaguchi, T., & Sakaguchi, S. (2011). Papéis autônomos e não autônomos de CTLA-4 na regulação imunológica. *Tendências em imunologia*, *32*(9), 428-433.

Wong, L. F., Porter, T. F., & Scott, J. R. (2014). Imunoterapia para aborto espontâneo recorrente. *Banco de dados Cochrane de revisões sistemáticas*, *10*, artigo CD000112. Acessado em 20 de abril de 2016 em http://www.cochranelibrary.com/.

Zegers-Hochschild, F., Adamson, G. D., de Mouzon, J., Ishihara, O., Mansour, R., Nygren, K., Nygren, K., Sullivan, E., & Vanderpoel, S. (2009). International Committee for Monitoring Assisted Reproductive Technology (ICMART) and the World Health Organization (WHO) revised glossary of ART terminology, 2009*. *Fertility and Sterility*, *5*(92), 1520-1524.

Zenclussen, A. C., Gerlof, K., Zenclussen, M. L., Ritschel, S., Zambon Bertoja, A., Fest, S., Hontsu, S., Ueha, S., Matsushima, K., Leber, J., & Volk, H. D. (2006). Regulatory T cells induce a privileged tolerant microenvironment at the fetal- maternal interface. *European journal of immunology, 36*(1), 82-94.

Apêndice 1

(Desenho do iniciador)

A- Primers concebidos

SNP	Primers positions*
49 A/G	CAAACACATTTCAAAGCTTCAGGATCCTGAAAGGTTTTGCTCTACT**TCCTGAAG** **ACCTGAACACCG**CTCCCATAAAGCCATGGCTTGCCTTGGATTTCAGCGGCACAA GGCTCAGCTGAACCTGGCT**A**CCAGGACCTGGCCCTGCACTCTCCTGTTTTTTCT TCTCTTCATCCCTGTCTTCTGCAAAGGTGAGTGAGACTTTTGGAGCATGAAGAT GGAGGAGGTGTTTCTCCTACCTGGGTTTCAT**TTGTTTCAGCAGTCAAGGGCA**GT GATTTA
318C/T	CTGCCATTAGCCCAAGGGCTCAGAAAGTTAGCAGCCTAGTAGTTTTGGAGATGT CAATG**AAATGAATTGGACTGGATGG**TTAAGGATGCCCAGAAGATTGAATAAAAT TGGGATTTAGGAGGACCCTTGTACTCCAGGAAATTCTCCAAGTCTCCACTTAGT TATCCAGATCCT**C**AAAGTGAACATGAAGCTTCAGTTTCAAATTGAATACATTTT CCATCCATGGATTGGCTTGTTTTGTTCAGTTGAGTGCTTGAGGTTGTCTTTTCG ACGTAACAGCTAAACC**CACGGCTTCCTTTCTCGTAA**AACCAAAACAAAAAGGCT TTCTATTCAAGTGCCTTCTGT
1661A/G & 1722 T/C	TCATTGGCCCTTGCTG**CTAAGAGCATCCGCTTGCACCT**TCTGCTCATCCCCAGA CAAGCTTTGTCCTGTGACCATAATGAACTCTTCATGCCGTTTCCAACTTTAGCC CATGTTATTCTTCTTGTCTGAATATCCACCCTTTTCTCTGTTCTCAATAATAAG TTCAGGCTTTTCGTCTTCTGAGAAGCCCTTTCTGACTTCCACAGGCTGAACCAC TGGCTTCTGCTCCTCTACATAATACTTCAACTCCAGCATTGATCTCACTCTATC ATGATCATGGGTTTAGCTG**T**CTGTCCCTGCCACTGCTGTGTGTTCCTCTTGAGG GCAGGAACATTTGTTTTTCACTTTTT**A**AAAAACCTCTGTTGCCCAGTCTGGCAT TAGGAAGTGCCCATTAGGTTGTTATTGCTTGTTGGCGCTTGAGCTGGGGCTTGA AGATTTCTATAATGTGTAGCAGTGTATAGAAAACAGGCAGGTCAGA**AAAGGCTT** **CTGTGCATCACACCAA**CATGGCACATGTATACATATGTAACAAATCTGCATGTT GTGCACATGTAC

* Os primers de avanço e de retrocesso, bem como os SNPs, são realçados

B- Sequência de polimorfismos de nucleótido único (SNP):

SNP	(SNP) sequence
rs231775	GCACAAGGCTCAGCTGAACCTGGCT [A/G] CCAGGACCTGGCCCTGCACTCTCCT
rs5742909	GTCTCCACTTAGTTATCCAGATCCT [C/T] AAAGTGAACATGAAGCTTCAGTTTC
rs4553808	CAGGAACATTTGTTTTTCACTTTTT [A/G] AAAAACCTCTGTTGCCCAGTCTGGC
rs733618	GAACACACAGCAGTGGCAGGGACAG [A/G] CAGCTAAACCCATGATCATGATAGA

MIX
Papier aus verantwortungsvollen Quellen
Paper from responsible sources
FSC® C105338

Printed by Books on Demand GmbH, Norderstedt / Germany